일본
목조주택

일본
목조주택

안국진 지음

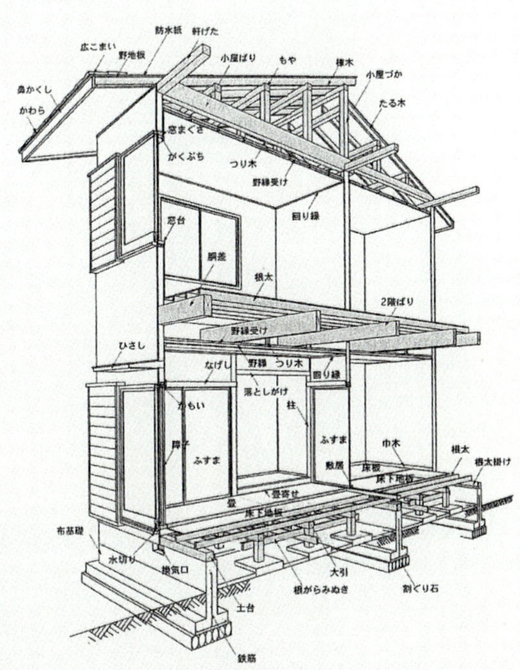

한국학술정보㈜

서문

　한국의 주택은 예로부터 수천 년간 대부분 목조로 지어졌다. 해방 이후 한국전쟁으로 많은 주택이 파괴되어 주택복구에 따른 대량 벌채가 있었으나 1970년대 고도경제성장기 정부주도의 새마을 운동이 추진되면서 농가를 시멘트 블록조로 바꾸는 등 목조주택은 점차 사라져갔다. 1990년 대통령 공약사업이었던 200만 호 주택공급정책은 수도권에 5개 신도시(분당, 일산, 평촌, 산본, 중동)에 초고층 대형 아파트를 건립하게 되었다. 이후 수도권에는 산발적으로 수많은 초고층 아파트 도시들이 생겨났으며 현재는 도시, 농촌 할 것 없이 초고층 아파트로 지어지고 있는 경우가 많다. 이러한 초고층 아파트는 앞으로 20~30년 후, 다시 재건축으로 인해 지금의 난지도가 몇 개가 더 생겨날지도 모르는 막대한 건축쓰레기 처리 등 사회적 문제가 야기될 것으로 예상된다.

　최근 21세기 친환경이라는 표어로 웰빙과 자연건강 등으로 도시민의 이목이 집중되면서 도시 근교에 나무나 흙을 이용해 집을 짓는 이들이 늘어나고 있다. 하지만 현재 지어지고 있는 집들은 대부분 북미의 경량 목조주택이다. 과거 우리 선조들이 생활해 왔던 전통목조주택은 실제로 고가(高價)이고 현대인의 생활에 맞지 않기 때문에 보급되기 어렵다고 판단되지만 전통목조주택을 개량화한 재래목조주택이 싼 가격에 현대인의 생활에 맞춰줄 수만 있다면 얼마든지 보급 가능하리라 생각된다.

목조주택시장 형성과 확장 시기에 있는 지금, 우리와 사뭇 흡사한 일본의 사례를 살펴볼 필요가 있다고 판단되어 세계2차대전 패전국이었던 일본이 전쟁 후 주택복구사업에서 현재까지 어떠한 과정을 거치며 목조주택을 발전시켜 왔는지를 정리하여 소개하고자 한다.

본서는 메이지(1868~1911)에서 1945년 이전까지의 목조주택 근대화 과정은 1장에 간단히 소개하고, 1945년 이후 현재까지 일본 목조주택의 발전과정을 위주로 서술하였다. 전통목조주택을 현대적으로 기술개발한 재래목조주택과 공업생산 공장라인에 의해 공급되는 목질프리패브주택, 북미로부터 수입된 경량목조주택이 일본에 정착하기까지의 과정과 기술변화, 목자재의 유통과정 등을 문헌과 현장 조사를 통해 정리하였다.

또한 일본의 목조주택을 다양한 각도에서 다방면으로 바라보면서 현재 목조주택의 성립과정을 이해하는 것과 동시에 앞으로 우리가 나가야 할 방향제시 측면에서 시사하는 바가 있다고 생각된다. 이러한 의미에서 실무자에 있어서는 유익한 지식을 제공하고 연구자에 있어서는 목조주택 연구의 새로운 출발점이 되기를 바라는 마음으로 본서를 집필하였다.

차
례

제4장

일본 프리패브 주택 • 143

제5장 일본 2 × 4「경량목조」주택 • 191

제 1 장
일본 목조주택 근대화

1. 들어가며 – 한국 목조주택시장 현황

한국의 목조주택은 한국전쟁 이후 철골과 철근콘크리트가 대량으로 싼값에 공급되면서 주택시장에서 밀려나 약 40여 년간 일반인에게는 지어지기 힘든 비싼 주택이 되어 버렸다. 이로써 수천 년간 목조주택을 유지해 오던 주택재료가 불과 반세기 만에 콘크리트나 철골 등의 비목조로 바뀌어 한국식의 재래목조주택의 맥은 끊겨버렸다. 1988년 서울올림픽 즈음해서 무역흑자로 경제는 호전되고, 해외여행이 자유화되면서 북미 및 유럽을 다녀온 몇몇 여행객들은 이국적인 목조주택에 흥미를 가지고 사진을 찍어와 그대로 집짓기를 원하는 소비자가 생겨났었다. 이로 인해 1990년대 초, 서울 근교의 남한강 주변의 개발이 제한된 상수도보호구역의 경치 좋은 곳에 별장으로 해서 한두 채씩 2×4주택과 통나무집들이 지어졌다. 이때 2×4주택이나 통나무 주택에 관해 전문지식을 가지고 있는 설계자나 시공자는 없었으므로 부실공사와 많은 하자가 발생했었다. 이에 1990년 미 임산물센터(AF&PA)가 서울에 한국사무소를 개설하고, 미국산의 자재와 기술을 이전하기 시작했다. 몇 년 전부터 웰빙의 붐이 일고 전원주택으로 해서 대도시 근교에 조금씩 늘어나고 있다. 하지만 현재 한국 목조주택시장의 대부분이 「2×4구법」의 수입주택으로, 한국적인 목조주택은 아직까지 개발되어지지 않고 있다.[1]

이러한 시점에서 최근 목조주택을 찾는 수요자가 급증하고 있는 데 반해, 목조주택에 대한 전문가나 기초적인 자료가 턱없이 부족한 상황이다. 이웃나라 일본은 2×4구법뿐만 아니라 프래패브구법, 재래구법 등 목조주택이 단독주택과 저층의 집합주택에서 다양하게 지어지고 있다.

본서는 일본의 목조주택의 근대화에서부터 목조주택시장의 형성과정, 각 구법별 목조주택의 보급과정과 현황, 업체별 현황과 전략, 목재유통의 실태와 전개 등 목조주택과 관련한 전반적인 상황을 기존 연구문헌과 보고서 및 현장취재 등을 통해 얻은 자료를 토대로 소개하고자 한다. 이 책을 통해 한국 목조주택시장형성과 기술발전에 기초자료로 참고가 되기 바란다.

이에 현대의 일본 목조주택시장에 대해 논하기 이전에, 일본 목조주택의 전반적인 흐름의 이해를 돕고자, 메이지시대(1868~1911) 이후 1945년까지를 중심으로 일본의 산업화에 의해 목조주택이 근대화되어가는 과정을 坂本 功 監修, 「日本の木造住宅の100年」의 문헌[2]을 주로 참고하여 간단히 소개하고자 한다.

---

1) 安國鎭, 「韓國における木造住宅の現狀(1) ツーバイフォー住宅の導入と変遷」, 木材情報, 2007.2.
2) 坂本 功 監修, 日本木造住宅産業協會「日本の木造住宅の100年」, 2000.

2. 일본 목조주택 근대화

1) 주택정책 변화

(1) 주택문제와 주택정책[3]

가. 주택문제 발생

제1차 세계대전으로 일본경제와 산업의 성장에 의해 급속하게 도시에로 인구가 집중했다. 1919년의 국세조사에 의하면 도시인구는 총인구의 17%(590만 명)이며, 6대 도시인구는 총인구의 10%로 집중해 있다. 급속한 인구집중에 의해 주택수요가 크게 증가했지만 주택공급의 대부분은 민간의 영세한 임대주택공급에 의존하고 있었다. 또 이 급속한 주택수요의 증가보다 자재비와 노동비가 일반가격 이상으로 상승했기 때문에 주택공급이 정체되었다. 집세의 상승으로 주택 임대관계자 간의 여러 가지 분쟁이 발생했다.

나. 공익주택(公益住宅)

이러한 정세(情勢)에 사회사업의 체계화, 사회정책의 정비 방침의 확립을 목표로 1918년 6월 구제사업조사회(救濟事業調査會)가 내무대신(內務大臣)의 자문기관으로 설립되었다. 동년(同年) 11월 구제사업조사회는 슬럼개선, 공익(公益)적 건축회사와 주택조합에 의한 주택공

---

3) 井上 朝雄, 「木造戸建住宅における構法の変遷に關する研究 -昭和20年代の 都市部を通して」, 東京大學修士論文, pp.7~31, 1999.

급, 노동자주택의 장려, 감독 등을 지방 공공단체가 실행하고, 정부는 저금리의 자금공급과 감독을 한다고 하는 주택정책의 기본방침을 제시했다. 내무성(內務省)은 공공단체의 주택건설, 사회사업 시설건설에 대해 저금리융자를 개설했다. 이것으로 건설되었던 주택이 공익주택(公益住宅)이다. 결국 정부가 공공단체에 저금리로 융자해 주고 자금으로 주택을 공급했다. 1921년 11월까지 건설되었던 공익주택의 수는 전국에서 약 9,900동에 달했다.

다. 관동대지진과 동윤회(同潤會)

1923년 9월 1일 관동(關東) 일원에 대지진이 발생했다. 지진과 그 후의 화재에 의해 동경에서 32만8천 동과 동경주변 6부현에서 46만5천 동의 주택이 소실되었다. 전국에서 의원금을 받아 1924년 5월 내무성 사회국의 산하에 재단법인 「동윤회」를 설립하였다. 동윤회는 일본최초의 공적주택공급기관으로, 임대주택을 주로 건설했고, 지진 이후 응급복흥주택(応急復興住宅)의 개량사업을 실시했다. 또한 동경과 요코하마(横浜)에 한정되었지만 서민주택의 설계와 건설에 공헌했고, 주택에 관한 조사연구를 실행하여 주택수준을 높이는 역할을 하였다. 전쟁 이후의 공영(公營)아파트와 비교해서도 손색이 없을 정도의 철근콘크리트조의 집합주택 건설에 앞장섰다. 당시 주택공급은 대부분 민간업자에 의해 이루어지고 있었지만 동윤회가 건설한 동수도 18년간 11,985동에 달했다.

라. 주택개량사업

1925년 6월 내무성은 인구 5만 이상의 도시와 그 인접지역을 대상으로 불량주택에 관한 상세한 실태조사를 실시했다. 100세대 이상 불량주택이 밀집한 곳을 불량주택지구라고 하는데 이 지구의 분포가 총 217개소로 200만평 규모이며 거주세대수 72,612세대, 거주인구 309,085명이라고 집계되었다. 6대 도시만도 약 15개소에 약 13만 세대가 거주하고 있는 것으로 파악됐다.

이로 인해 사회사업조사회는 불량주택지 내의 개선대책에 대해 논의하고, 1927년 3월 불량주택개선법을 공포하였다. 이것은 공공단체 및 공익단체에 불량주택지 내 개선사업 실행권한을 부여한 것이다. 만일 불량주택지구로 지정된 곳을 공공단체 또는 공익법인이 개수하려고 할 경우, 정부는 사업경비의 반액을 보조하는 것으로 규정하였다. 하지만 불량주택의 판정기준이 정해져 있지 않았다고 하는 문제점이 있었다.

불량주택지구개량법에 의해 동경(東京), 오사카(大阪), 나고야(名古屋), 요코하마(橫浜), 코베(神戶)의 5대 도시의 7개 지구에 국가 보조금으로 목조주택과 철근콘크리트 아파트 등을 합쳐 3,995동의 개량주택이 건설되었고 약 20만㎡의 불량주택지구가 제거 또는 정비되었다.

이 개량사업은 1933년의 동윤회가 동경닛뽀리(日暮里)지구를 개량한 것을 마지막으로 그 이후 전시체계로 접어들어 1952년까지 실행될 수 없었다.

마. 전시하의 주택문제와 주택정책

1931년 만주전쟁, 1937년 중일전쟁이 시작되었다. 군수산업의 확대로 공황에 의해 지방으로 돌아갔던 인구가 다시 도시로 몰려오기 시작했다. 그 때문에 대도시와 군수산업도시에 주택부족과 거주환경 악화를 초래하였다. 1932년부터 1942년까지 10년간 총인구의 증가율이

8%인 데 반해, 도시부는 71%로 증가하였고 동경의 빈집 분포가 1936년 3.4%에서 1939년 0.6%로 격감했다. 이때 군수공업지대에서는 다다미 6장을 깐 크기의 방에서 12명의 노동자가 주야교대로 생활하고 닭장을 주택으로 사용했다고 하는 과혹한 주환경이 보고되었다. 이러한 군수노동자의 주택난이 노동효율의 저하를 가져오기 때문에 정부는 군수노동자를 위한 주택정책을 취하지 않을 수 없었다.

1940년 주택대책위원회에서 주택대책요강을 결정하였다. 그 주요 내용은 임대주택조합의 주택영단(住宅營団)의 설립, 급여주택(給与住宅)의 건설촉진, 주택건설에 대한 손실보상제도, 부지·자재·자금·수송대책을 골자로 하였다. 이로 인해 1941년 3월 주택영단(住宅營団)이 설립되었다. 동윤회는 이때 주택영단에 흡수되는 형태로 해산했다. 주택영단은 자본금 1억 엔 전액 정부출자의 법인으로 그 주요업무는 주택과 도시 시설의 건설과 경영이었다. 건설했던 주택은 대부분 노동자를 위한 분양주택과 군(軍)과 군수(軍需) 관계의 주택이었다. 이때 원생성(原生省)은 「국민주택」의 표준설계를 연구하고 있었고, 그 연구팀에 주택영단도 함께 규격의 작성에 임하였다. 결국 1943년 전시하의 임시일본표준규격이 정해졌다. 이 규격은 2종류로 분류되는데 그 차이는 1m와 90cm로 모듈 단위가 달랐다. 오래전부터 일본주택은 다다미 크기의 약 90cm를 규준단위로 하였지만 목조주택생산의 규격화, 합리화의 연구가 진행되면서 1m의 미터법이 도입되었다. 전시하보다 더 간이화(簡易化)되었던 응급노동자주택은 대량생산방식의 신속화와 효율화를 목표로 패널공법이 계획되었다.

(2) 목조주택에 관한 건축법령

가. 구조에 관한 규정

① 1891년의 노우비(濃尾)지진과 목조가옥 구조요강(1895년)

메이지까지 목조건축물은 수평력에 저항할 수 있는 부재가 적고 내진(耐震)적으로 불리한 점이 많았다. 메이지 초기에 내일(來日)했던 외국인 기술자들은 무거운 지붕, 가새 등이 없는 구조, 불완전한 기초 등을 목조건축의 약점으로 지적했지만 약점에 대한 구체적인 개량 대책[4]은 강구되지 않았다. 이후 1891년 노우비(濃尾) 지진 때 벽돌조건축에 피해가 집중하여 목조건축의 내진성을 향상시키기 위한 움직임이 생겼다. 당시의 목조건축 내진성의 주제는 양풍(洋風)목구조의 트러스구조방식을 화풍(和風)목조건축에 적용해야 한다는 당시 새로운 목구조방식의 견해[5]였다.

미국건축사였던 伊藤爲吉 씨의 지진가옥구조법에 의하면 일본 목조

---

4) 미국건축사의 伊藤爲吉의 지진가옥구조법에 의하면 일본 목조주택의 문제점으로 지붕이 무겁고 기둥이 고립해 있으며 부재를 맞추기 위해 잘라낸 부분이 많고 접합부가 약하다는 것을 지적하고 철물사용을 권하였다. 또 지진재해방지 조사회가 발표했던 목조가옥 구조요령(1894)에서 기초 구조에 주의하고 목재는 가능하면 부재맞춤을 위해 잘라내지 말고 가새를 사용해서 삼각형의 가구를 만들고 목재의 접합부에 철물을 사용하여 연결, 구조체의 일체화, 즉 강성을 증가시키는 것을 목적으로 했다. 이런 목구조의 합리적인 생각은 시가지건축물법 시행규칙의 목조건축물의 규정에 채용되었다.
5) 이 견해는 조시아 콘더(Josiah Conder)에 주장되었다. 콘더는 1852년 9월 28-1920년 6월 21일, 런던출신의 건축가. 고용 외국인으로서 일본 방문해, 창생기의 일본인 건축가를 육성하고 일본 건축계의 기초를 다졌다. 사무소를 개설해 재계 관계자 등의 저택 다수를 설계했으며 일본 근대건축의 아버지라고도 불린다.

주택의 문제점으로 지붕이 무겁고 기둥이 고립해 있으며 부재를 맞추기 위해 잘라낸 부분이 많고 접합부가 약하다는 것을 지적하고 철물 사용을 권하였다. 또 지진재해방지 조사회가 발표했던 목조가옥 구조요령(1894)에서 기초 구조에 주의하고 목재는 가능하면 부재맞춤을 위해 잘라내지 말고 가새를 사용해서 삼각형의 가구를 만들고 목재의 접합부에 철물을 사용하여 연결, 구조체의 일체화, 즉 강성을 증가시키는 것을 목적으로 했다. 이런 목구조의 합리적인 생각은 시가지건축물법 시행규칙의 목조건축물의 규정에 채용되었다.

② 1913년 동경시 건축조례안(東京市 建築条例案)

동경시는 가옥이 무질서하게 지어지고 있는 것을 우려하여 건축학회에 동경시 건축조례안의 기고를 의뢰했다. 이로써 학회는 구미 17개국 40개 도시의 건축조례를 수집하고 그것을 참고로 약 6년간에 걸쳐 동경시 건축조례안을 만들어 제출하였다. 그 규정안(案)은 높이의 제한(처마높이 39尺 이하), 기둥하부에 토대설치, 기둥의 소경(小徑)(가로재 거리의 1/30), 부재의 맞춤과 이음의 규정, 가새설치 등이었다.

그러나 결국은 실행되지 못하고 끝났지만 시가지건축물법(市街地建築物法)의 제정에 큰 영향을 미쳤다.

③ 1918년 경시청(警視廳) 건축단속규칙안(案)

동경시 건축조례안은 경찰명령으로 해서 실시하는 것으로 되었다. 목조에 관한 규정은 다음과 같다. 「주요기둥을 주춧돌 없이 직접 지면에 세우는 것을 방지, 기둥소경(小徑)의 최소제한(최상층, 평지붕에서는 주요 가구재 거리의 1/35), 기둥 보 등의 주요 목재의 이음(볼트 등으로 견고하게), 목골조를 벽돌조 등으로 피복할 경우의 구조 등, 목조3층 이하, 처마 높이 36尺, 용마루 높이 50尺 이하」 등이다. 이 안은 학회안(學會案)에 비해 조문수(條文數)는 줄고 목골조, 토벽조의 절(節)은 소거되었다. 이 법안도 내무성에서 도시계획과 건축에 관한 법률이 규정되는 단계로 이 작업은 중단되었다.

④ 1920년 시가지건축물법 시행령과 시행규칙

1919년 건축법규가 제정되었다. 다음해인 1920년 시행령과 시행규칙이 공포되어 전국 6개 도시에 적용되었다. 목조에 대한 규정은 다음과 같다.

「볼트 등에 의한 맞춤과 이음의 연결, 기둥을 주춧돌 없이 직접 지면에 세우는 것을 금지, 기둥 하부에 토대설치, 토대와 보의 우각(隅角)에 히우찌재(火打材)[6]의 사용, 장부석(長付石) 등의 두께와 축부(軸部)에의 긴밀한 연결, 처마높이 38척, 용마루 높이 50척 이하」라는 내용이다.

결국 시가지건축물법에서는 접합부에 철물이 사용되었고 토대(土台)사용의 의무화와 3층 이상의 목조주택, 목골석조, 목골벽돌조에 가새설치가 의무화되었다.

⑤ 1924년 관동대지재에 의한 시가지건축물법 수정

관동대지진(1923년) 이후 시가지건축물법이 개정되었다. 목조에 의해 개정된 것은 「기둥의 소경의 강화(두껍게 한다), 가새설치의 의무화(그때까지 목조에서는 3층 이상에서만 의무화되었었다.) 카타즈케

---

6) 직각으로 맞물리는 도리 등이 비뚤어지지 않도록 부재의 구석에 비스듬히 걸치는 보강재(補强材).

(方づけ)의 설치의 의무화, 처마 30尺, 용마루 42尺 이하」 등이었다.

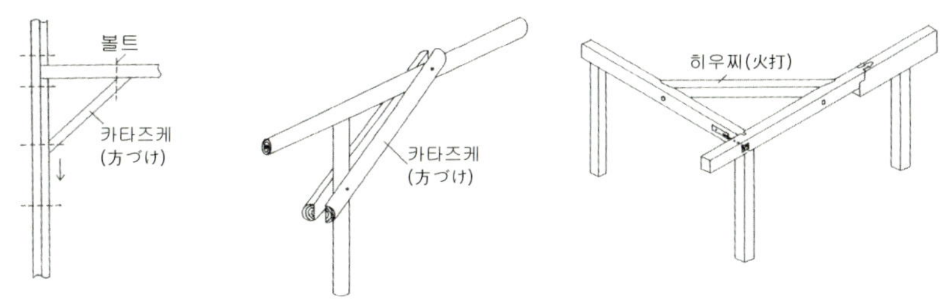

木造建築研究フォラム編, 「木造建築事典」

[그림 1] 카타즈케와 히우찌

⑥ 1945년 이후

전쟁 이후, 건축기준법이 제정된 것으로 목조에 있어서의 규정은 시가지건축물법의 규정을 그대로 계승한 것이 많았지만 기둥의 소경(小徑)과 가새에 대한 규정은 보다 구체적으로 표시되었다. 건축기준법이 보다 새롭게 추가되거나 개정되었다. 그 개정내용은 다음과 같다.

우선 목재의 품질이 규정되었다. 기둥은 건물의 구조와 용도로부터 보다 두꺼운 것으로 규정되었다. 가새에 있어서 그 수와 치수에 관한 규정은 없었지만 기준법에서부터 가새의 단면 최저치수, 인장과 압축의 구별, 벽량(壁量)과 벽배율(壁倍率)에 따른 가새의 설치 양(量), 기둥과 토대 등과의 접합법 등에 있어서 새롭게 규정되었다.

나. 방화에 관한 규정

방화에 관한 규정 내에 목조주택에 관한 것으로 외벽으로부터 보면 시가지건축물법에서는 갑종(甲種) 방화지역은 방화구조, 을종(乙種)

방화지역에서는 내화구조 또는 준내화(準耐火)구조로 되었다. 결국 목조주택은 갑종 방화지역에는 지어질 수 없고 을종 방화지역에서는 준방화구조로 해서 몰탈 또는 회반죽 마감으로 하면 가능했다. 그 외 일반지역에 있어서의 규정은 없었다. 그 후 1939년에 개정되어 목조건축의 몰탈의 간이(簡易) 방화벽이 인정되었다. 그것에 의해 갑종 방화지역에서도 목조주택이 지어지게 되었다. 하지만 전시 중(戰時中)은 갑종 방화지역에 관한 규정을 제외하고 적용이 정지되었다.

처마에 있어서는 시가지건축물법에서는 갑종 방화지역은 불연 재료로 구성, 을종 방화지역에서는 불연 재료로 구성 또는 불연 재료[7]로의 피복이었다.

지붕에 있어서는 시가지건축물법에서는 갑종 방화지역은 내화구조, 을종 방화지역에서는 금속 잇기로 할 때 흙막이를 두께 1치 이상의 불연 재료로 구성하는 것으로 되었다. 참고로 전쟁 이후 건축기준법에 방화지역, 준방화지역의 지붕은 내화구조가 아닌 것은 불연 재료로 하도록 규정되었다.

2) 목조주택 구법(構法)변화

(1) 기 초

기초는 상시 하중력과 지진에 의한 수평하중에 의한 부가력에 대해 건물을 안전하게 지지하는 역할로 생겨났다. 아주 오래전의 전통적인 방법으로 초반, 초석, 옥석으로 지지하는 직접기초 또는 말뚝기초라고

---

7) 불연 재료로는 벽돌, 돌, 콘크리트, 기와, 철물, 도자기, 몰탈류 등이다.

하는 기초를 사용했었지만 현재 일본의 일반적인 주택은 연속기초(누노布기초)와 베타기초라고 하는 기초를 사용하고 있다.

과거에는 지업(地業)이라고 하는 단어를 사용했었는데 1919년 시가지건축물법에는 기초라고 하는 단어가 사용되었다. 이후 기초라는 용어를 사용했던 것은 1926년 橫山信의 「건축구조의 지식」이라는 문헌에 사용되었다. 이 문헌에 의하면

「목골조의 경우, 외부의 벽돌이나 돌로 바른 목조축조의 것으로 일반 주택에는 사용되지 않았다고 한다. 철근콘크리트조로 할 때는 공사비가 벽돌조보다 1.5배 정도 비싸지만 지진상의 효과는 굉장히 높고 목조가옥에 철근콘크리트조로 시공한 예는 적지만 지진 때문에 피해를 입은 것은 거의 없다.」라고 서술되어 있다.

아시가타메(足固め)는 전통적인 일본가옥의 특징적인 부재의 한가지로 있지만 그 아시가타메(足固め)가 소실한 것은 토대가 보급했기 때문은 아니고 기초의 높이를 높이기 위해서라고

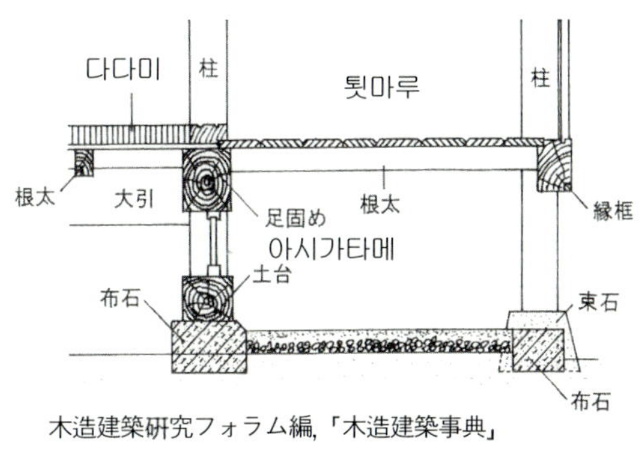

木造建築研究フォラム編, 「木造建築事典」

[그림 2] 아시가타메

생각된다. 당초 토대는 지면에 가까운 곳에 설치되어 있었다. 토대의 필요성은 1914년의 「가옥내진구조론」과 1919년의 「시가지건축물법 동시행규제제50조」에서 볼 수 있다.

메이지시대의 도시의 일반주택의 기초는 옥석, 평석, 지반말뚝 등이 많았고 죠우카마찌(城下町) 등의 상류주택에서 깐돌, 地覆石, 늘려놓

은 돌 등 연속기초(누노기초 布基礎) 형식으로 오래전부터 존재했었다. 일반주택에서의 연속기초 보급은 1920년대 초로 석재가 많았고 1925년경부터 시멘트가 생산되면서 1930년대 초에 콘크리트 기초가 보급되었다. 다만 지방의 주택은 이것보다 더 늦었던 것으로 여겨진다.

1950년 建設省 주택국이 행했던 「도시주택조사」에서는 연속기초가 45%, 직접기초가 50%, 기타 4.8%로 기록되어 있었다. 1955년경 신축되었던 연속기초를 사용한 주택 중에 콘크리트로 시공되었던 것이 과반수를 넘었고 조사회답 239도시 중 80%가 콘크리트로 시공하고 있었다. 지방보다는 도시에서 더 많은 콘크리트 연속기초를 채용하고 있었다.

1950년 주택금융공고(住宅金融公庫)가 설립되었고 사양서(仕樣書)가 작성되었다. 그 안에 콘크리트 기초에 대해 기술되어 있었다. 1973년 주택금용공고의 사양서에 돌쌓기나 콘크리트 블록조의 연속기초가 삭제되었고 콘크리트조 연속기초만이 표기되어 있었다. 1982년에 철근콘크리트조의 연속기초가 추가되고 1985년에 무철근콘크리트조의 연속기초가 삭제되었다. 현재는 주택용 기초의 대부분이 철근콘크리트조로 되어 있다.

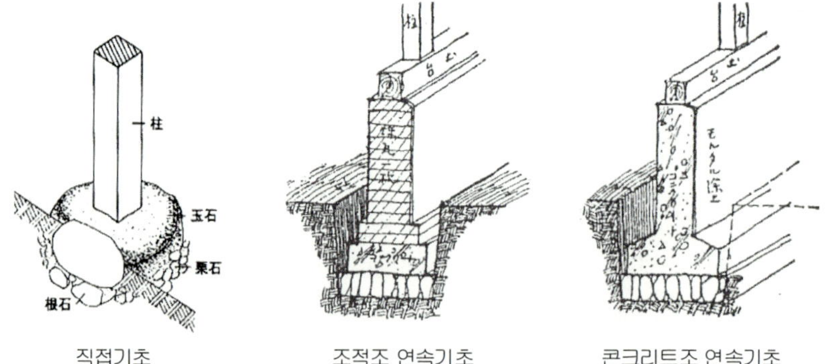

| 직접기초 | 조적조 연속기초 | 콘크리트조 연속기초 |

左: 「木造建築事典」, 中·右: 「日本の木造住宅の100年」

[그림 3] 기초의 종류

(2) 벽

대벽이라고 하는 벽 구법은 오래된 민가의 외벽에도 사용되었지만 외주(外柱)벽의 내측과 내벽에 대해서는 진벽조가 일반적이다. 메이지시대(1868~1911)의 양식의 주택에 있어서도 일본인의 거주공간은 필히 다다미가 있는 와실로 진벽조가 채용되었다. 메이지시대의 대벽구법은 양풍(洋風)의 접객공간의 내부의장을 위한 것이었다고 한다. 그러나 대정시대(1911~1925)부터 건립되었던 양풍(洋風) 개인주택에서 접객공간 이외의 내부 벽에도 대벽이 채용되었다.

1918~1919년에 중류계층에서는 일본풍의 집에 양풍의 응접실을 두는 주택이 많아졌다. 이 경우 응접실은 대벽에 회반죽의 마감으로 하는 경우가 많았다.

1931년 대벽은 목조패널에 의한 건식구법이 채용되었다. 주택대량생산의 시도는 전쟁으로 인해 자원부족 등의 이유로 중단되었지만 1945년 이후 주택대량공급으로 목수의 부족과 생산방식의 합리화가 요구되어 신건축재가 개발[8])되었다. 대벽구법의 보급은 생산합리화와 깊게 관계하고 있고 그것은 직인(職人)에 있어 업무내용 변화와 기술저하, 목조축조구법(木造軸組構法)의 전개방법에도 큰 영향을 미쳤다.

---

8) 목조주택 구법은 주택의 대량생산을 배경으로 크게 변화하여 왔지만 대벽의 건식구법은 신건재에 의한 생산합리화로 다음과 같은 점에 유리하게 되었다.
   ① 단열, 차음, 방화 등의 성능과 배선, 배관 등의 기능을 진벽구법보다 용이하게 충족시킬 수 있다는 점
   ② 구조재에 있어 나무결에 대한 아름다움 등의 모양과 관계없이 단지 역학적 기능이 있으면 된다는 점
   ③ 시공이 쉽고 직인의 기량이 성능, 품질에 별로 영향을 주지 않기 때문에 기술격차가 적다는 점
   ④ 신건재의 성능 데이터가 정비되어 있다는 점

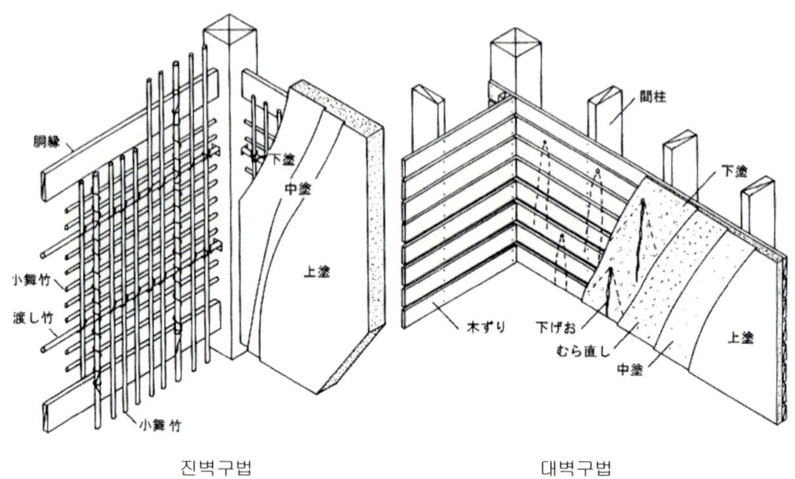

木造建築研究フォラム編, 「木造建築事典 – 基礎編」 p.124

[그림 4] 벽의 종류

(3) 지 붕

일본의 근세 근대 주택은 ①농가, ②상인의 마찌야(町屋), ③무사주택과 다실(스키야數奇屋)의 흐름을 담는 화풍주택(和風住宅), ④양풍주택(洋風住宅)으로 대표된다. 양풍주택을 제외한 일본전통주택에서 변화된 이 3타입을 단편적으로 말하면 평면적인 차이는 있겠지만 지붕구조의 차이는 그다지 나지 않았다.

가. 농가(農家)

메이지 이후 복잡한 지붕구조를 가진 것처럼 되었지만 에도시대(1600~1868)에는 간단한 구조가 많았다. 그것이 복잡화해 가는 과정은 杉山英男가 「지진과 목조주택」[9]에서 서술했다.

1890년경 농가의 배치는 토방 외에 거실이 2개나 3개밖에 없는 것이었다. 배치변화는 日자형, 目자형, 한쪽 토방형, 객실 3배치형 순으로 점점 넓어졌다. 메이지 이후는 농가의 규모가 커지면서 보다 넓은 田자형으로 변화하였다. 공간배치는 약간의 지방마다 차이가 있지만 메이지 중기 이후 「4間배치의 田자형」의 배치가 전쟁 전까지 농가의 대표적인 평면형태였다. 에도 말기의 하층농가에 볼 수 있었던 日자형, 目자형평면 형태는 소규모의 농가에서 볼 수 있고 면적이 작아서 지붕구조 형식도 단순하였다.

지붕구조는 농가의 규모가 田자형으로 커짐에 따라 지붕도 크게 되었다. 지붕재료는 1945년 전후까지 억새 등의 초가였다. 이 경우 물매가 6척 이상 필요했기 때문에 지붕구조도 크게 되었다. 무거운 하중과 내진내풍(耐震耐風)을 위해 두꺼운 보를 격자로 배치시켜 강성을 확보하려고 했던 것으로 여겨지며 이로써 지붕가구 결합방식은 더욱 복잡하게 되었다고 생각된다.

---

9) 杉山英男『地震と木造住宅』丸善, 1996.

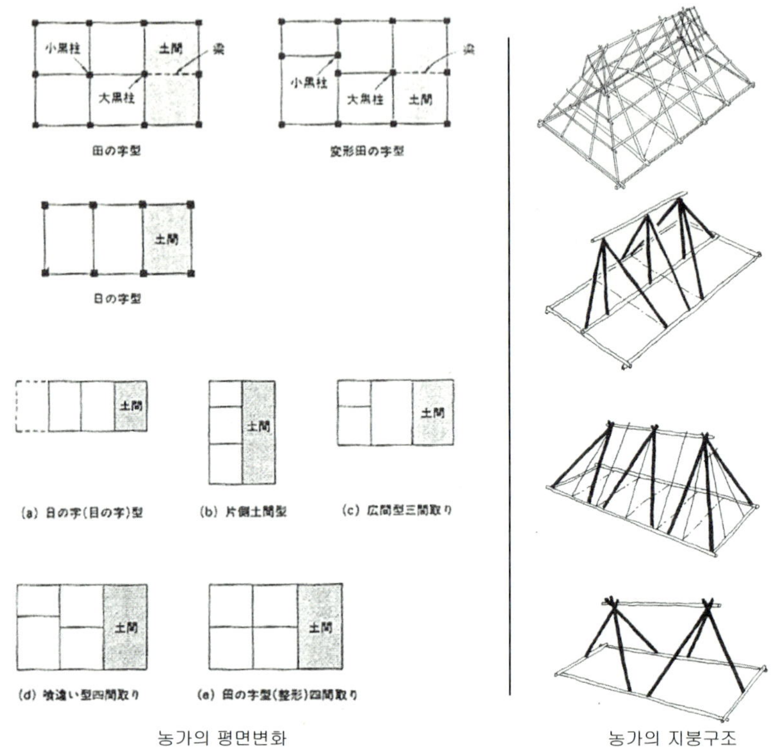

농가의 평면변화 · 농가의 지붕구조

左: 「日本の木造住宅の100年」 p.69, 「木造建築事典 - 基礎編」 p.94

[그림 5] 농가의 변천과정과 지붕구조

나. 마찌야(町屋)

마찌야는 에도시대부터 지붕재료로 기와를 사용하였다. 喜多川守貞 「近世風俗志」을 인용하면, 당시 에도(江戶), 교토(京都), 오사카(大阪) 의 마찌야는 모두 기와로 되었다고 서술하고 있다. 마찌야의 발전과정 은 일반적으로 깊이가 길고 옆집에 접하는 면에 박공이 있는 맞배지 붕이다. 기와의 지붕물매는 억새 등의 초가지붕에 비해 약간 낮다. 규모가 커지면 큰 지붕이 되어 구조 역시 복잡하게 된다.

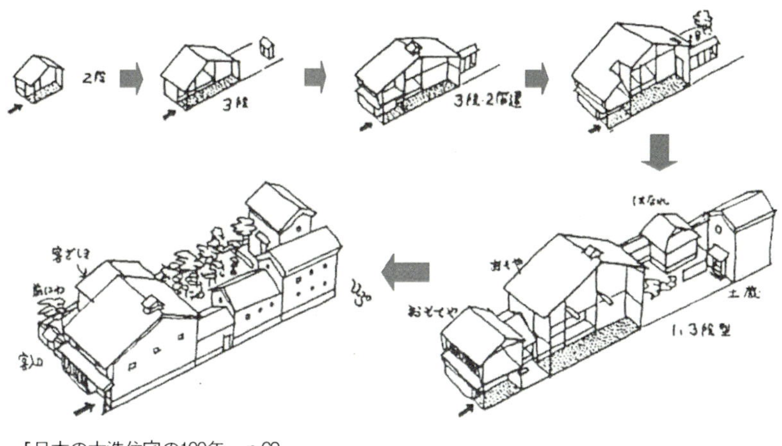

「日本の木造住宅の100年」, p.69

[그림 6] 마찌야(町屋)의 변천과정

다. 화풍(和風)주택

무사주택과 스키야(數奇屋 다실)를 기원으로 하고 있는 메이지의 화풍주택은 현재의 독립주택에 가장 가까운 형태이다. 지붕재료는 마찌야와 같이 기와로 사용되었다. 그 지붕구조는 1904년에 발행되었던 「日本家屋構造 中卷」[10]에서 볼 수 있다. 집의 크기가 4간 이상으로 커지면 이 역시 복잡한 구조로 된다. 주택에서는 규모가 커지면 지붕구조 역시 복잡하게 변했다.

---

10) 齊藤兵次郎 「日本家屋構造 中卷」住友堂, 1904.

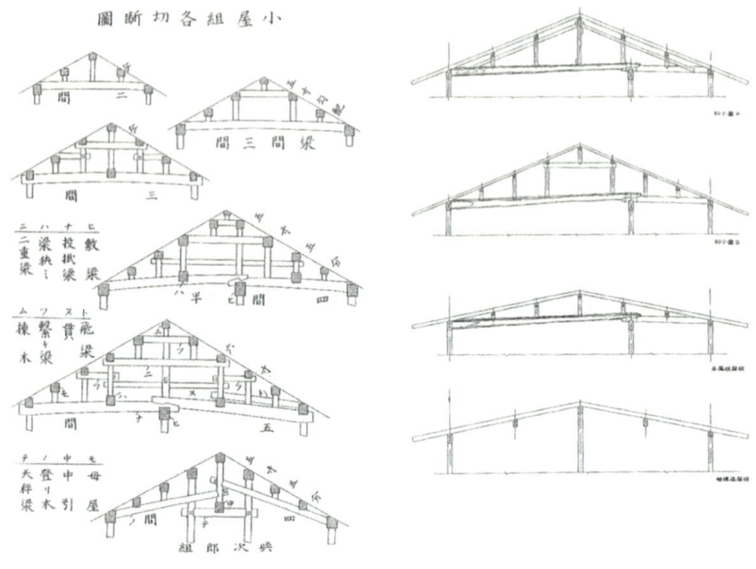

「日本の木造住宅の100年」, p.70

[그림 7] 지붕구조

라. 양풍(洋風)주택

양풍주택의 지붕구조는 기둥과 동자기둥으로 구성되어 있는 일본식
지붕구조와 서양의 트러스구조로 구성된 구조이다. 양식트러스구조는
메이지 초기에 해외로부터 도입된 구조법으로 일반 주택과는 다른 비
교적 대규모 건축물인 양관(洋館)에 외국인 기술자에 의해 도입되기
시작했다. 이후 건축주가 일본 목수에게 양풍디자인을 주문하여 양풍
디자인과 기술을 모방하여 지어졌다. 이때 사용된 부재의 단면치수가
필요 이상으로 크게 되어 있는 것을 볼 수 있는데 트러스의 원리를
잘 이해하지 못하고 모방한 것이라 여겨진다.

한편 메이지 초기의 공공(公共)건축에는 외국인 기술자와 그 밑에 수업을 받았던 일본인 기술자에 의해 양풍기술이 사용되었다. 이후 대학교육을 받은 엘리트 건축가가 배출되면서 트러스구조[11]를 적극 활용하였다.

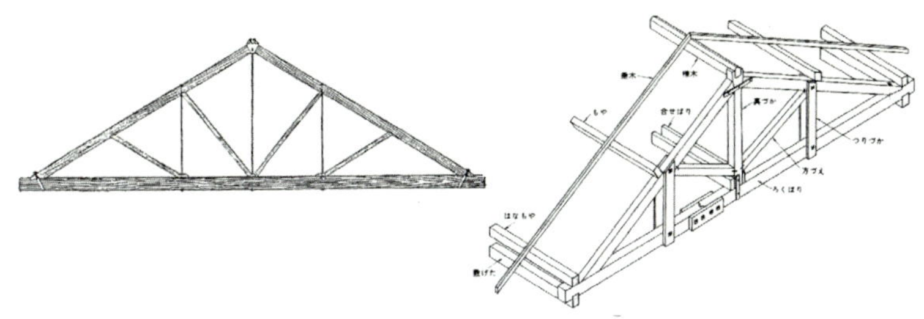

住宅金融公庫, 「枠組壁工法住宅工事共通仕様書」

[그림 8] 트러스구조

3) 목조주택 의장과 생활공간변화

생활공간의 큰 변화 (①툇마루, ②현관, ③중앙복도형도입, ④부엌, ⑤욕실, ⑥변소)

---

11) 트러스구조의 특징은 ①인장력과 압축력만으로 구성할 수 있는 합리적 기술이다. ②비교적 가는 부재로 넓은 공간형성이 가능해졌다. ③ 하지만 트러스를 지탱하는 측벽부분의 그 위치에 기둥이 필요하게 되고 평면에 제약을 받는다. ④접합부에 금속이 필요하다. 등의 4가지가 있다. 이렇듯 트러스구조는 일본식 구조와 비교해서 보다 가는 재료로 구성되어 있기 때문에 가격 면에서 유리한 점이 있었고 실제로 6~7m 이상의 스팬을 얻을 수 있어 규모가 큰 건축에서는 아주 유리했다. 그러나 트러스는 접합부에 금속이 필요했기 때문에 금속가격이 비쌌던 시대에는 비경제적인 것으로 생각된다.

(1) 툇마루 - 등의자와 유리의 보급

에도(1600~1868) 말기부터 이즈시모다(伊豆下田)·요코하마(橫浜)·에도(江戶-지금의 도쿄)에 외국공관이 설치되고 그곳에 서양의 가구가 사용되었다. 대부분 외국으로부터 가지고 왔었지만 일본에서 만든 것도 일부 있었다. 일본에서 가장 먼저 등의자를 제작했던 직인(職人)은 짐수레 등을 제작하는 목수들이었다고 전한다. 메이지 때는 등의자가 제작된 것 중 유모차가 많았었지만 차츰 주거생활에도 수레 목수들이 제작을 분업하여 대량보급시켰다고 전한다. 일부 문헌에서는 메이지 말에 미쯔코시(三越) 백화점의 가구점에서 미쯔코시형 등의자라고 하는 규격품을 제작하고 대만으로부터 등의자를 수입하여 중류주택에까지 넓게 보급하였다는 문헌[12]도 있다.

일본에서의 유리의 미서기(쇼우지障子)문의 보급은 대정(1911년) 초기에 현관이나 부엌문보다 먼저 툇마루와 베란다 쪽의 벽면전체에 설치되었다. 툇마루의 외부에 미서기 유리문을 설치하고 의자를 둘 수 있을 만큼 툇마루의 폭을 넓혔다. 1940년대 초 과도기의 주택에서 베란다에 대한 욕구가 있었지만 과거 툇마루의 정서가 남아있어 툇마루에 등의자를 설치해 가는 것이 정착되었다. 1945년 이후 더욱 주택이 협소화되고 썬룸, 응접실, 툇마루가 공용으로 되었다. 1954년 「婦人之友」라고 하는 문헌에 「남향의 1간의 넓은 툇마루에는 2인용의 책상과 간단한 응접세트와 가스스토브가 설치되어 있어 접객이나 공부방으로도 사용되고 있다.」라는 것이 설명되어 있다.

---

12) 小泉 和子,「家具と室內意匠」, 法政大學出版局, 1979.

[그림 9] 툇마루에 등의자와 유리문 보급

1968년, 고급응접가구의 「베르사이유」라는 상품이 대히트를 쳤었다. 이 시기에 알루미늄새시에 커튼, 응접세트에 의해 응접실의 보급이 급증하였다. 일본식의 화실(和室 다다미방)을 마련하려면 툇마루와 툇마루 앞에 조그만 뜰이나 정원도 필요한데 정원을 만들고 유지 관리하는 데에는 상당한 비용이 들어가므로 경제적으로 합리적인 것을 생각해 볼 때 정원을 만드는 것보다 호화스런 응접실을 만드는 것이 더 실용적이라는 선택이 많아 응접실이 증가하였다. 또 알루미늄 새시의 보급으로 외풍이나 누수가 없어져 툇마루라고 하는 완충공간이 필요 없게 되었다. 툇마루가 없는 다다미방은 손님의 숙박이나 서재나 노인방으로의 다목적으로 사용되었다. 이러했던 유리를 붙인 툇마루에 등의자를 둔 풍경은 현재의 신축주택에서는 별로 볼 수 없는 것으로 되었다.

(2) 현 관

현관이라는 명칭은 가무쿠라시대(1192-1333) 말부터 사용되었던 언어로 선종사원의 입구에 처음으로 사용되었다. 현관은 농가, 상가, 낮은 신분의 무사의 집에서는 금지되는 등의 신분적 제약이 있었다. 이들은 마당에서 직접 툇마루에 오르거나 토방(土間)에 입구를 두어 사용하였다.

1877년경에 동경에 있는 주택 출입구에 관해 E.S.모스가 기록[13] 해 두었는데 그것에 의하면, 「일반가정의 입구에는 현관이 있어 그 문턱을 넘어 흙바닥(토방)의 부분에 들어간다. 문턱에는 덧문(雨戸 아마도)이 있어 밤이나 출입구를 이용하지 않을 때 끼워 넣어 사용한다.」라고 기록되어 있다.

[그림 10] 1870년경의 현관

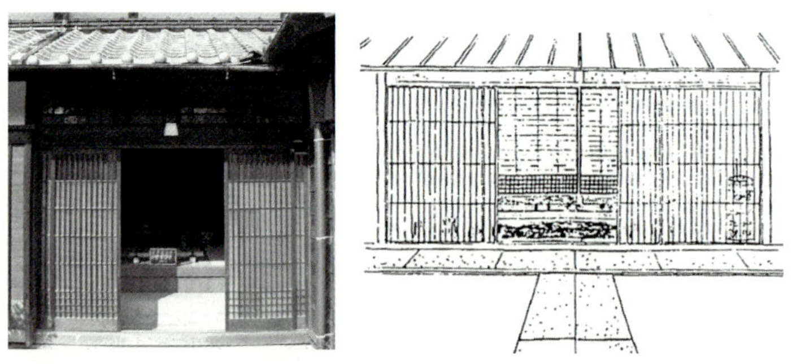

[그림 11] 1890년경에 유행했던 현관

---

13) E.S. モース「日本人の住まい」八坂書房, p.249, 1991.

1890년대경, 전형적인 보통의 주택에서 「전원풍의 열어놓은 토방」이라는 표현으로 현관의 변화된 모습을 모스는 서술하고 있다. 앞서 설명한 현관과 같이 흙바닥의 현관형식이지만 격자형의 창의 형태로 입구를 만들었다. 점차 상가(마찌야町屋)에 사용되었고 신분제도가 붕괴되어 주택에서도 나타났다. 다만 격자창에 유리는 끼워 넣지 않고 밤에는 변함없이 덧문(아마도 雨戸)을 설치하였다.

이후 1907년 발행된 문헌을 보면 주택의 입구형식은 포치현관, 즉 차를 댈 수 있게 흙바닥의 토방현관의 앞에 포치를 덧댄 형태이다. 비교적 규모가 큰 주택에 포치현관을 사용하였다.

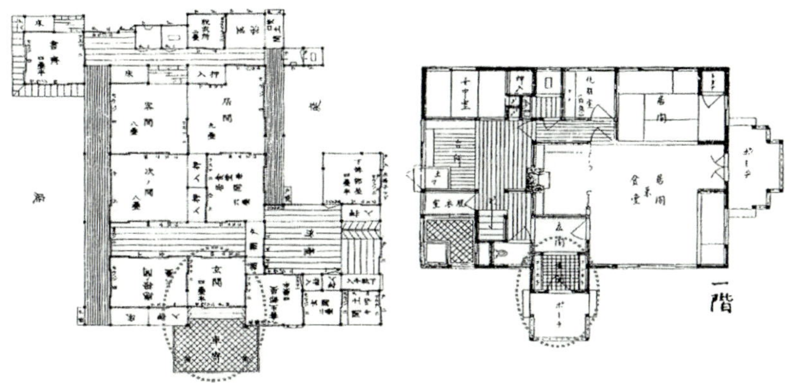

「日本の木造住宅の100年」, p.184, 185

[그림 12] 포치현관

전통적인 양식 이외에 구미의 양풍주택의 현관형식이 생겨났다. 양풍주택은 기본적으로 신발을 신은 채 생활하는 서구의 생활습관의 형식을 도입하였지만 현실적으로 신발을 벗는 습관에 익숙한 일본인들은 신발을 벗는 곳을 현관홀에서 한 계단 낮춰 신발을 벗고 출입을 하거나 슬리퍼로 갈아 신고 출입하도록 현관을 만들었다.

1922년 동경 우에노(上野)에서 「평화기념 동경박람회」와 오사카에서 「주택개량박람회」가 개최되어 주택개량을 목표로 전시하였다. 여기서 전시된 개량주택은 일본식과 서양식의 화양(和洋)절충 과정으로 의자와 침대를 사용하였던 양식의 주택에 출입구에서만은 신발을 벗도록 종래의 생활습관이 그대로 반영되어 현관에 토방과 마루바닥에 18~21cm 정도의 단 차이를 두어 신발 벗는 곳을 명확하게 구분하였다.

정리해 보면 근세말까지 무사의 집에 한하여 주거규모와 비례하여 격식의 상징이었던 현관은 메이지 이후 점차 형식에 관하지 않고 주거의 출입구를 총칭하는 것으로 되었다. 1910년 중복도와 연결하는 현관도 이때 처음 생겨났다. 1920년대에 들어서서 주거의 양풍화가 진행되고 생활자체의 근대화, 합리화가 격식을 표하던 현관을 축소시키고 한 개의 단독 실로 해서 현관이 생겨났다.[14]

(3) 중복도 탄생 접객부분과 일상생활부분의 분리

메이지시대의 정부고관이나 자산자(資産者) 및 귀족들의 화양병렬형주택(和洋並列型住宅) 화풍(和風)주택과 접객용의 양관(洋館)을 복도로 연결했었다. 1910년대에 들어 이러한 주택형태는 정면의 중앙에 현관이 설치되고 좌우에 접객공간과 주거공간으로 구분하여 배치하였다. 주거공간은 田자 형태의 연속된 방으로 객실, 가운데 방, 거실로 병렬로 배치되었다. 앞면에 부엌이, 뒷면에 서재와 욕실이 배치되었으며 이러한 실들도 복도에 의해 명확히 구분되고 동선상의 혼란도 없

---

14) 木造建築研究フォラム編, 「図説 木造建築事典 −基礎編」, 學芸出版社, p.144, 1995.3.

었다. 또 현관과 응접실에 중복도를 두어 주거공간으로부터 떨어지게 배치시켰다. 이러한 형태는 1910년대부터 양풍의 중류주택에서 흔히 볼 수 있었다. 이후 집안에 중정을 두어 접객부분과 일상생활부분을 분리하여 배치하고자 하는 새로운 案도 새롭게 나타났다. 이는 주동 상호의 독립성 또는 일조, 통풍 등의 위생 면의 조건을 향상하는 것과 지붕구조도 간단한 간이식 지붕구조(小屋裏)로 되었던 점들이 이점으로 있다. 현관의 시공법은 변화되었지만 응접실, 학생방, 부엌의 배치 구성은 이전과 같았다. 접객부분과 일상생활부분의 분리는 2층집에도 적용되어 환경적으로 우위인 2층에 손님용의 자시키(座敷)가 설치되었다. 만일 1층에 손님용 자시키(座敷)가 있는 경우는 2층에 서재로 하는 경우가 많고 의장적으로는 다실의 요소가 강하게 내포되어 있다고 한다.

1935년경부터 동경시내의 주택지는 2층집 구조가 1층보다 더 많아졌다. 이 시기는 단층을 2층으로 올리는 증축공사를 여기저기서 많이 볼 수 있었다. 2층은 도코노마(床の間)와 같은 장식과 선반을 설치해두었지만 예전처럼 손님용의 객실은 아니고 집주인의 침실로 이용하는 것이 목적이었다. 1층에는 거실을 두어 차실(다실)로 활용되었다고 생각되며 마침 코타쯔(炬燵또는 火燵)라고 하는 난방기의 보급도 이 시기에 보급되어 시기도 일치했다.

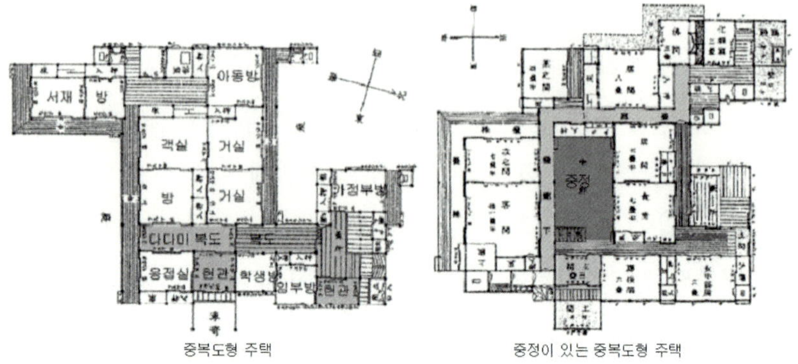

左 · 右: 「日本の木造住宅の100年」, p.184, 185

[그림 13] 중복도형 주택

1955년경부터 부엌과 식당이 등장하고 의자와 테이블이 놓였다. 1965년경부터 응접세트가 보급되면서 다다미가 차츰 사라지고 연속으로 3개의 방이 배치되었던 평면구조도 차츰 사라진다. 부엌의 사양도 크게 변화되고 중복도와의 관계도 변화했다.

(4) 부　엌

부엌의 가장 큰 변화는 장작, 숯으로부터 가스와 전기로의 연료의 변화이다.

메이지시대에는 부엌에 부뚜막을 설치하여 가열조리기로 사용했다. 부뚜막 중에는 이동 가능한 것도 있어서 임대주택에서는 집안에 부속되어 있지 않고 집주인에게 매번 사용할 때마다 빌려 사용하였다. 부뚜막은 동경에서 판자부착의 바닥 위에 올려놓고 사용하지만 칸사이(關西)지방의 농가에서는 토방에 고정하여 사용하였다는 점이 동경과 다르다. 연료로는 장작을 이용하였지만 대부분 굴뚝이 없어서 부엌의 상부에 연기가 머물러 천정을 덮어두지 않았다. 메이지 후반에는 부뚜막 대신에 벽돌조의 밀폐형 부뚜막과 개량부뚜막이라 칭하는 굴뚝이 붙어있는 주철제의 부뚜막이 등장했다. 부뚜막 이외에도 간단한 취사를 위해 풍로가 있었다. 이는 곤로라고도 불렸으며 숯이나 연탄을 연료로 사용되었다. 연탄은 1900년대에 들어서서 만들어졌다.

1902년 도쿄가스가 가스 밥솥의 특허를 취득해 판매를 시작했다. 1910년대 초에 부엌에서는 가스부뚜막, 가스곤로와 숯을 사용한 개량 부뚜막을 혼재 병용하였다. 하지만 가스의 본격적인 보급은 1923년 관동대지진 이후이다. 농촌에 가스 조리기가 사용되었던 것은 1955년 이후이다.

전기밥통은 1920년대에 만들어졌지만 본격적인 보급은 토시바(東芝)가 1955년에 자동식 전기밥통을 발매하면서부터이며 1957년에 100만 대가 판매된 적도 있었다.

취사의 특징은 대량의 물을 사용하는 것이다. 상수도가 정비될 때까지는 우물을 이용했었다. 수통이 항상 상비되어 있었고 토방은 배수가 필요했다. 우물물에 의존했지만 경우에 따라 행상의 「물 가게」로부터 물을 사기도 했다. 1887년 요코하마(橫浜)에 완성했던 양식상수도를 시초로 하코다테(函館, 1889), 나가사키(長崎, 1891), 오사카(大阪, 1891), 히로시마(廣島, 1898)에 그리고 1899년에는 도쿄(東京)에서 각각 상수도에 의한 급수가 개시되었다.

입식의 설거지통은 쿄토(京都)에서 17세기 후반부터 존재했다. 1900년대에 들어서도 칸사이(關西)에서는 토방(土間)에서 입식의 설거지통과 부뚜막을 번갈아 움직이는 입식생활이 일반적이었지만 동경의 부엌에서는 마루바닥에 설거지통을 놓고 하는 좌식의 작업이 많았다. 1920년대에 생활양식을 합리적으로 개선하려 하는 기운이 부엌을 좌식에서 입식으로 바꾸었다. 그로 인해 작업동선도 합리화되어 곤로와 설거지통, 기타 수납장의 동선을 고려했던 배치로 개선하려는 움직임이 있었다. 그 결과 설거지, 소쿠리, 조리대, 배식대를 겸용한 쌀통, 냉장고 등을 한꺼번에 세트로 넣을 수 있는 것이 만들어졌다. 1911년부터 생활개선운동 등에 의해 의자가 권장되었지만 본격적으로 식당테이블이 보급된 것은 1945년 이후였다. 이는 일본의 농림부가 추진했던 농가의 부엌개선운동과 1956년에 일본주택공단이 2DK집단주택을 공급하면서부터라고 생각된다. 식당테이블의 보급률은 1965년에는 10% 전후였지만 1980년에는 65%로 되었던 것을 봤을 때 고도경제성장기에 많이 보급되었다.

(5) 욕 실

메이지시대의 입욕형식은 온수욕, 한증욕 등 여러 가지가 있다. 1910년대에 들어 목재 욕조에서 타일이나 벽돌 등을 이용한 고정욕조로 변하였다. 그 대표적인 것이 주철제의 쬬슈후로(長州風呂)라고 하는 목욕통이다. 전체가 철주로 된 목욕통은 커다란 범종을 반대로 놓은 것 같은 형태로 재료를 주철로 하여 벽돌 등으로 쌓아올려 부뚜막을 장착하였다. 욕조가 고정되어 있어 운반이 곤란한 불편한 점은 있지만 빨리 데워지는 경제성이 최대의 이점이었다. 몰탈이나 벽돌의 내수성(耐水性)의 건축 재료가 보급되면서 주철제의 욕조도 보급된 것으로 여겨진다.

고정욕조와 물을 데울 수 있는 기능으로 쇠통욕조(텟뽀후로鐵砲風

呂)는 많이 사용되어졌다. 1910년 초 세 들어 사는 임대주택에는 욕조가 딸려 있지 않았고 임대자 개인소유의 욕조를 가지고 있었는데 이러한 욕조에는 이동이 가능한 쇠통욕조(텟뽀후로鐵砲風呂)가 적절했었다고 전해진다. 도심부에는 욕조뿐만 아니라 욕실이 없는 주택도 많이 있었다. 1930년대 동윤회(同潤會)에서 건립한 아파트의 각 주호에는 욕실이 계획되지 않았었다. 또 전쟁 이후 공영주택은 욕실이 없고 샤워실이 설치되었던 정도였다. 일반적인 소득계층을 대상으로 한 집합주택에서 각호에 욕실을 설치했던 것은 1956년 일본주택공단이 최초이며 이것이 가정용 욕조보급의 계기가 되었다고 한다. 당시의 공단주택의 욕조에는 가스를 이용한 쇠통욕조(텟뽀후로鐵砲風呂)를 사용하였다.

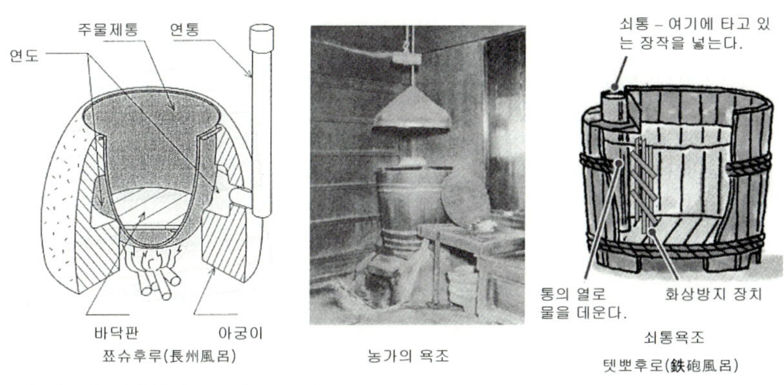

中:「日本の木造住宅の100年」, p.202

[그림 14] 욕조의 종류

(6) 변 소

현재의 주택에서 남성용 소변기를 설치하는 것은 드물다. 그러나 예전에는 단층연립주택과 작은 단독주택에 있어서는 변소도 1개의 양변기를 두는 정도로 소변기를 설치하지 않았다. 어느 정도 규모의 주택에서는 반드시 소변기와 대변기를 따로 두었다.

퍼내기식 변소가 등장했던 것은 카마쿠라시대(1192~1333) 이후라고 전해진다. 이것은 사람의 변이 우수한 비료로 활용되었기 때문에 분뇨를 모아 발효시킨 곳이 변소이다. 그 때문에 농가의 변소는 발효를 고려할 때 일조조건이 좋은 곳의 남쪽에 두어야 좋은 비료가 만들어졌다고 한다. 이들은 도시의 인부도 농작물과 교환해 갔다. 도심부 시내에 있는 하천이나 운하에는 분뇨를 옮기는 배가 왕래했었다. 1917년, 분뇨는 일출 후, 일몰 전에 운반용기를 그대로 분뇨선에 적재한다고 기록되어 있다. 낮에 악취가 문제되어 운반용기의 밀폐를 요구하였다. 밤에도 악취를 풍기면서 이동하는 분뇨선이 있었다고 한다. 이와 같은 분뇨의 자연환원으로 처리방법을 두고 미국의 하수도를 이용한 처리 방법과 비교하여 E.S모리스는 다음과 같이 기록하였다.[15]

「오물처리에 있어서 우리 미국인이 노력했는데도 불구하고 성과가 좋지 않았다. 그 한 가지 결과로서, 미국사회에는 천벌과 같이 여겨지는 질병에 관해서 유감이지만 일본인의 대부분이 모르고 오물을 얕은 개천이나 강에까지 더럽혀 그로 인해 대기가 오염되고 질병과 죽음을 불러일으키고 있으며 지하정화조는 일본에 존재하지 않는다.」라고 기록하였다. 또한 모스는 거름에 의해 하천이, 우물이 오염되어 매년 남일본에서 콜레라가 발생하고 있다고 한다.

퍼내기식 변소가 전염병에 대해 반드시 안전한 것은 아니었기에 1900년에 「청결유지에 관한 단속규칙」이라고 하는 변소의 구조를 규정하였다.

一. 우물과 3간 이상 거리를 둘 것

---

15) E.S. モース「日本人の住まい」八坂書房, 1991.

二. 지반으로부터 3寸 이상 높게 할 것

三. 분뇨항아리는 안팎으로 유약을 바르고 기타 불침투질의 재료의 구조로 할 것

四. 분뇨항아리의 주변은 깔대기 모양으로 두께 3치 이상의 시멘트, 몰탈 또는 콘크리트로 할 것

퍼내기식의 변소는 악취의 근원으로 되었던 것만이 아니고 파리의 번식의 온상이 되어 개량변소가 고안될 때까지의 대책을 1916년의 「応用家事精義」에 다음과 같이 기재해 두었다.

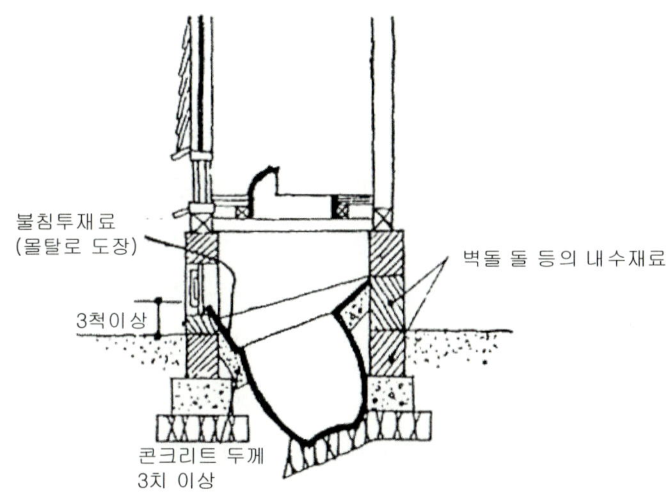

「日本の木造住宅の100年」, p.207

[그림 15] 퍼내기식 일반변소

「질기로는 오물이 지중으로 침투하여 오염가능성이 있기 때문에 필히 유약을 바르고 항아리를 매몰한다. 벽은 지반으로부터 바닥의 하단까지 벽돌이나 석재로 하고 악취가 바닥을 통해서 다른 곳으로 발산되지 않도록 한

다.」라고 기록되어 있다.

1920년에 시행되었던 「시가지건축물법」에 있어서 재래식변소의 구조는 앞서 서술했던 청결유지에 관한 단속규칙을 답습했던 내용으로 있지만 마루 밑은 주변에 내수재료(耐水材料)로 하고 칸막이벽을 설치한다는 조문을 추가하였다.

오사카(大阪)에서는 시가지건축물법보다 시대를 올라가서 1909년 오사카 건축관리규칙에 다음과 같이 규정되어 있었다.

「변소에는 창 및 상부에 환기구를 설치해 두는 것이 필요하다. 다만 마루바닥으로부터 옥상 2尺 이상에 달하는 악취 제거의 환기장치가 필요하며 그 높이는 인근건물에 직접 피해가 되지 않을 정도까지 높여야 한다. 분뇨통 및 그 부속장치는 방수재료로 한다. 다만 2층 이상에 변소를 설치할 경우 부속장치는 철관과 기타 금속재로 하고 분뇨통은 2척 이상의 구경과 2尺 내지 2척5치 정도의 깊이로 한다. 분뇨통의 입구주변은 방수재료로 깔때기 형태로 벽돌과 기와 회반죽 등의 재료로 하는데 표면에 두께 1치 이상 시멘트 또는 아스팔트로 도포한다. 이동 분뇨기를 놓을 때는 놓을 수 있을 만한 장소와 그 주변은 방수재료로 한다. 변소를 도로 또는 통로에 면하는 장소에 둘 때에는 가리개를 설치한다.」라고 규정되어 있다.

동경에서 제정되었던 규칙과 다른 점은 악취배기구, 분뇨통의 크기, 기재의 유무, 2층의 변소의 배수, 이동 분뇨기, 가리개에 관한 기술이 있었다. 분뇨통은 약 60×60cm(깊이)로 다소 작은 느낌이지만 가족 3인이 사용하려면 약 1달 정도 소요되며 10인이라면 1주일 만에 가득 메워진다.

1914년에 물받이 관과 깔때기를 일체화했던 後穴변기가 개발되고 대정기(1911-1925)에 발매되어 大正변기라고 칭해지며 발매되었다. 이곳에도 변기와 오수통은 관으로 연결되어 있었고 악취 제거 관을 파이프로 연결하여 옥상에 돌출시켜 악취를 옥상으로 배출시킬 수 있게 하였다. 또 이때 콘크리트제의 분뇨를 담아두는 변조(便槽)가 나타났다. 특징은 변조에 배변관이 가로방향으로 안곡지게 되어 있었다. 이점은 새로운 변이 관으로부터 오래된 변을 밀어낼 수 있도록 해서 오래된 변부터 퍼낼 수 있게 했다. 변조의 악취가 밖으로 배출되지 않도록 바닥을 차단하였다. 또한 배변관의 가격이 저렴하여 많이 보급되었다.

이후 1927년 내무성 위생국에 의해 고안되어 「內務省式改良便所」라고 하는 변소가 생겨났다. 원리는 미국의 FRS식과 켄터키식에 준한 것으로 오수를 고이게 하는 것으로 부패작용에 의해 액화하여 병균을 사멸시킬 수 있게 하였다. 또 5개의 실로 변조를 크게 하였고 오물 이외의 물질을 집어넣거나 5실이면 오수가 쌓이기 쉽기 때문에 이것을 3실로 바꿨는데 「原生省式改良便所」라고 한다. 구체적인 사양은 다음과 같다.

「저류조는 2조 이상으로 구분하고 오수를 저류하는 부분의 깊이를 80cm 이상으로 하고 용적은 $0.75m^3$ 이상으로, 100일 이상 저류할 수 있게 한 것이다. 저류조에는 청소를 위해서 필요한 크기의 구멍을 설치하고 밀폐할 수 있게 뚜껑을 설치하였다. 소변기로부터 오수관은 저류조의 오수면 밑으로 40cm의 깊이로 끼워두었다.」라는 사양이 있었다.

3실 타입은 原生省이 1938년에 설립되어 그 이전의 內務省시대에 만들어졌기 때문에 이것도 내무성식이라고 한다.

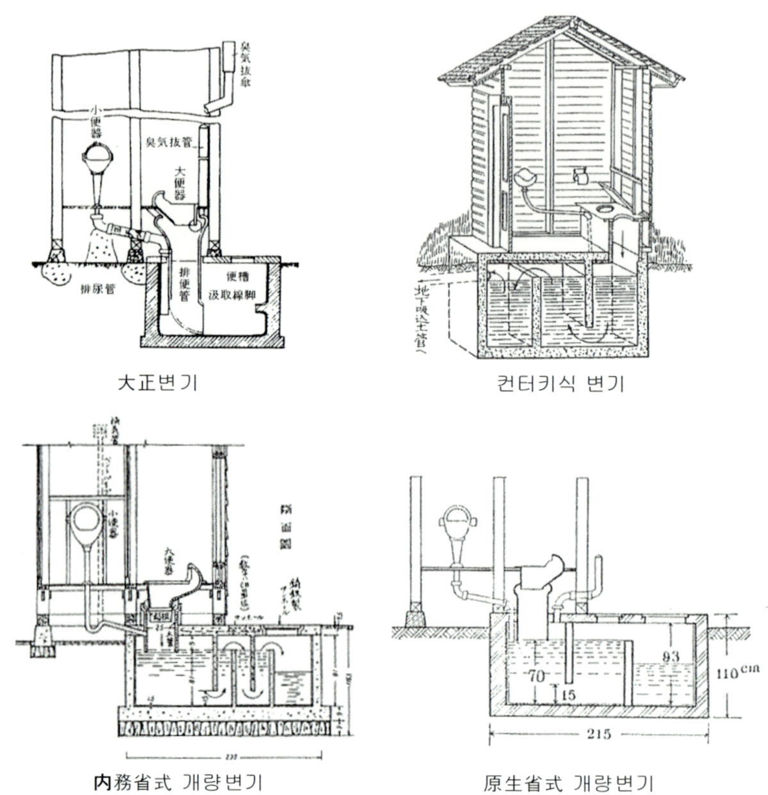

「日本の木造住宅の100年」, p.208, 209

[그림 16] 변소종류

3. 일본 산업의 근대화와 목조주택

1) 목수에서 공무점(工務店)으로

직인(職人)이라고 하는 것은 중세에 사원 등에 많은 건축공사를 담당하였던 기술자였다. 근세 이후에도 직인의 역할이나 일의 내용이 크게 변하지 않았었다. 이러한 직인들은 메이지 이전부터 전문직조직을 만들어 정기적인 모임을 통해 각지의 직인들과 상호 신뢰를 깊게 하였고 동시에 임금과 동업자 간의 협정을 자주적으로 결정하였다.

메이지의 직인(職人)조직은 새로운 정치체제와 구미문명의 흡수 등 큰 변화를 배경으로 각종의 건축토목공사에 관련한 청구업을 발달시켜 직인의 위치도 변했다. 결론적으로 말하면 임금노동자화로 되어 가는 과정으로 1916년에 결국 직인은 청구업의 하청에 종속되었다. 메이지 정부는 상공업계 동업조합의 방침을 명확히 하여 직인 사회가 봉건적 면을 가지면서도 당시의 동업조합을 통해 존위기반을 이루게 되었다. 하지만 전세기에부터 이뤄오던 직인 간의 협조적인 관계를 유지해 왔던 동업자 조직도 약화되기 시작하였으며 직인 사회는 더욱 전문 분업화되었다.

목조주택의 생산이 어떻게 변화되어 갔는지를 이해하려면 현재 재래구법의 생산시스템에서 주로 불리고 있는 목수와 공무점[16]이라는

---

16) 공무점이라는 용어는 일본 각 지역의 전통문화를 계승해서 일정한 지역 내에서 주택을 공급하고 있는 업태(業態)를 총칭하여 부르는 것으로 규모는 대략 종업원 4명 이하로 개인사업자로 등록되어 있는 업체로 공급 규모가 연간 50호 미만을 공급하는 정도이다. 현재 일본의 단독주택의 절반 이상이 공무점에 의해 지어졌다.
(出展: 建設省住宅局木造住宅振興室 監修, 地域住宅産業研究會 編著, 「木造住宅産業 -その未來戰略」, 彰國社, p.9-10, 1997.4)

용어가 어떻게 다른 것인가에 인식하는 것이 중요하다. 단적으로 말하면 목수는 직인(職人)에서 공무점(工務店)은 청구업(請求業)에서 비롯되었다. 즉 목수는 개인으로, 공무점은 법인, 기업으로 성장하였다. 전쟁 이후 복흥기가 이러한 변화를 급속하게 했던 시기라고 여겨진다. 현재 목조주택의 생산에 있어서는 공무점에 의한 一式의 계획시공과 청구계약이 일반적이다.

2) 규격주택

규격이라는 단어는 평면형식에 관한 것도 있지만 부품과 구법의 규격화의 시도에도 수반하고 있다.

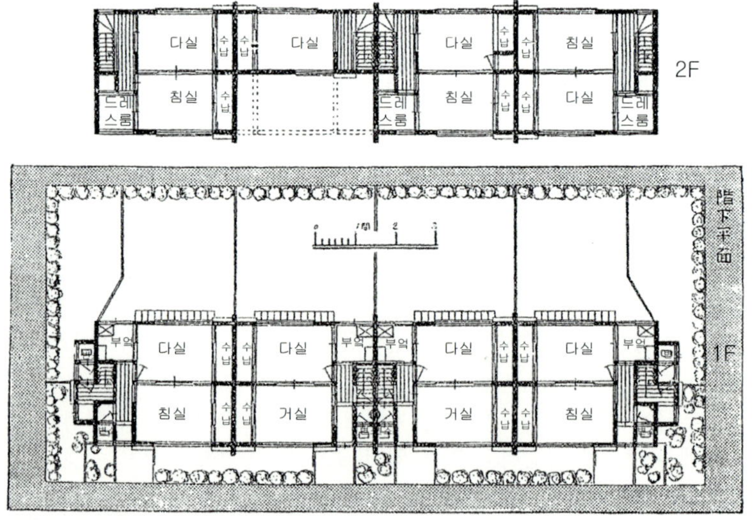

「日本の木造住宅の100年」, p.164

[그림 17] 1920년 규격주택

1920년 규격통일을 새롭게 고안되었던 도시의 주거지역의 공동주택에 관한 예로 중층의 주택을 고안한 것인데 다다미 6장 크기의 방이 위층과 아래층에 각각 2실씩 배치되어 있다. 이외에 1층에 욕실과 부엌, 변소 등이 있고 복도로 각 실을 연결하고 계단을 통해 위, 아래층을 연결하였다. 2층에는 드레스룸(다용도실)이 있고 각 방에는 수납장이 있다. 4개 실의 주거는 연평수가 21평이며 각 세대마다 뒤뜰을 두었다.

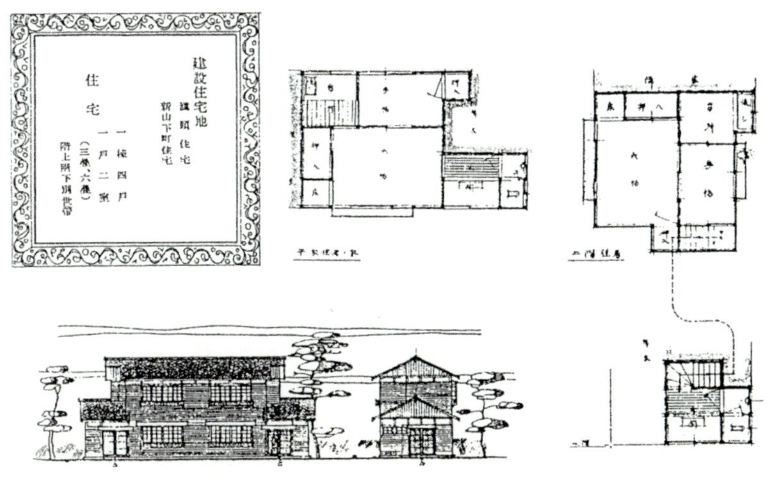

「日本の木造住宅の100年」, p.165

[그림 18] 1924년 동윤회의 목조보통주택

1924년 동윤회(同潤會)[17]가 설립되던 해에 목조보통주택사업을 추

---

17) 同潤會(도우쥰카이)는 1923년 관동대지진 직후 1924년 3월 재난피해자의 주택공급을 목적으로 처음 설립되었으며 세계 각지에서 보내온 성금으로 설립된 재단법인이었다. 근대적으로 자립적인 서민의 생활을 계획하고 건설하는 일본 최초의 본격적인 주택공급조직이었다.
(出展: 佐藤 滋, 外4人 「同潤會のアパートメントとその時代」, 鹿島出版社, p.1, 1998.7)

진하였다. 동윤회는 초기에 경험이나 기술이 부족하여, 규격화주택으로써 북미의 2×4주택의 발룸 구법을 가미한 목조대벽과 화풍(和風)의 진벽을 병용하여 미국의 2×4재료를 이용해 건립하였다. 기초는 콘크리트조이며 바닥은 1층에 거실(다다미 8장 크기)과 일부 마루와 토방에는 콘크리트로 마감하였다.

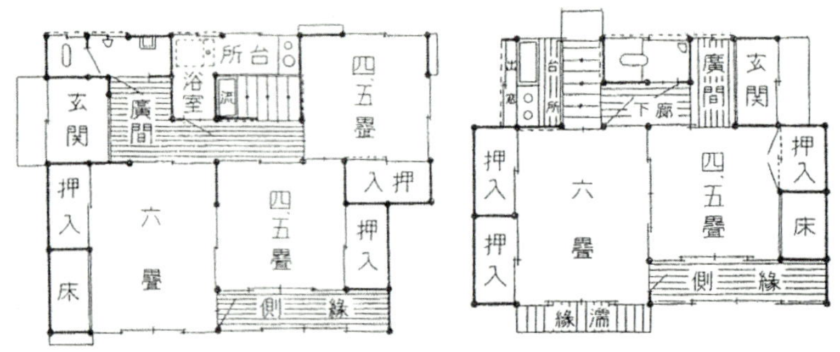

「日本の木造住宅の100年」, p.166

[그림 19] 1939년 노동자주택 설계지침

1939년 군수물자 생산력확충계획에 따라 증가한 노무자를 위한 주택을 1939년부터 1941년까지 3년간 공급했다. 1세대주택의 크기는 건평이 15평, 부지가 45평이며 室은 3개(6, 4.5, 4.5疊[18]))가 있었다.

1941년 주택영단(住宅營団)이 동윤회(同潤會)의 주택건설 등에 경영을 이어받아 설립되었고, 전시하의 주택건설에 중심적 역할을 하였다. 주택은 주로 블루칼라층의 분양주택과 군(軍)과 군수(軍需)관계의

---

18) 疊(다다미)은 일본의 모듈과 치수의 기준이 되는 크기로 되어서 방의 크기를 다다미의 개수에 의해 결정하였다. 다다미의 크기는 지역마다 크기가 다르지만 보통 3尺×6尺으로 910mm×1820mm가 일반적이다.

노동자주택이었다. 원생성(原生省)은 「국민주택」의 설계 기준을 만들기 위하여 주택영단과 공동으로 연구를 진행하였다. 1943년, 전시하의 임시일본표준규격이 정해졌다.[19] 임시일본표준규격에는 갑(甲)과 을(乙)의 2종류로 1호에서 5호까지의 규격에 의해 크기를 다소 다양하게 하였고 또 단독주택, 2호 연립주택, 4호 연립주택을 건립하였다. 이 때의 기준이 되었던 기준치수는 1m와 90cm로 차이가 있었다.

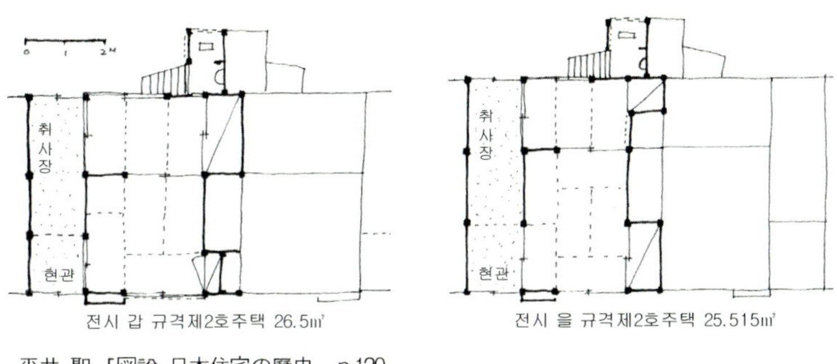

平井 聖, 「図說 日本住宅の歷史」, p.120

[그림 20] 전시 규격주택

주택규격에 관련한 협의회결정사항은 다음과 같다.[20]

- 본 규정은 미터의 정수 치에 의하지만, 경우에 따라 종래의 규준을 따르기도 한다.

- 평면의 외형은 가능하면 굴곡이 적은 단순한 형태로 할 것.

- 거주실은 실수에 대해 8, 6, 4.5 및 3첩(疊)의 크기를 적당하게 조합하며, 부부 및 유아 침실은 6첩 이하로 할 것.

- 거실의 배치는 각 개실의 프라이버스를 보장하고 일부를 공동 사용할

---

19) 平井 聖 「図說 日本住宅の歷史」, 學芸出版社, p.120, 1980.2.
20) 住宅營団研究會 「戰時・戰後復興期住宅政策科 住宅營団」, 日本経濟評論社, 2000.

수 있는 곳으로 하여 특히 일조, 채광 및 통풍을 중요시할 것.

- 집안에 신주를 둘 때는 도꼬노마(床の間)를 설치할 것.

- 거주실에는 그 총 바닥면적의 15% 정도의 수납장을 설치할 것.

- 툇마루를 설치할 것.

- 현관은 토방과 마루바닥으로 할 것.

- 부엌은 토방과 마루바닥으로 하고 취사의 방식에 적당한 가구를 배치
  할 것.

등의 사항이 규정되어 있었다.

1943년 일본은 전시 중에 임시일본규준규격으로 「전시규격」을 내놓았다. 연립주택의 배치는 2개의 실이 남북으로 나란히 하고 동 또는 서쪽에 흙바닥의 토방에 조그마한 뜰을 두고 그곳에 현관, 취사장 등을 두었다. 이러한 2개 실 주거에 있어서 남쪽 면으로 건물을 안길이가 깊고 여름의 열에 대해 견디기 어렵게 되기 때문에 1실은 남쪽 면에 다른 실은 북쪽 면에 배치하였다. 또 통로의 뜰은 위생상 문제는 없지만 가스, 수도, 연료, 사용 등의 부자유스러운 경우에는 통로의 뜰 부분(토방)을 취사장 겸 현관으로 사용하였다. 이때 주의할 것은 취사장으로부터 화재가 일어날 위험성이 높기 때문에 벽은 불연성의 재료로 해서 연통 등 확실하게 사용하여 화재가 일어나지 않게 하는 것이었다.

2호의 연립주택이 일반연립주택과 다른 점은 통로 정원식이 아니고 현관과 취사장이 따로 배치되어 있는 점이다. 취사장의 면적이 4.5~6㎡로 되어 있는 것은 이 정도의 주택에 대해서는 조금 넓지만 식품조달이 곤란할 때에는 식품저장소로 사용되며 현관도 너무 크다고 생각하지만 자전거나 아이들의 자전거 등을 둘 수 있도록 생각했던 것이다.

1945년 2차 세계대전의 공습으로 일본은 약 300만 호의 주택이 소실

되었다. 또한 전쟁으로 자재부족이 갈수록 심해지면서 주택부족은 아주 심각한 사회문제로 되었다. 일본 정부는 1947년에 5인 가족도 12평까지라고 하는 제약은 전쟁 전부터 주택으로 보면 아주 엄격하다는 것을 인식하고 1948년에는 15평(49.5㎡)으로 완화하였다. 하지만 가족의 생활공간이 기능주의와 합리주의에 좋든 싫든 받아들이지 않으면 안 되었다.

대량으로 미군방출자재로 연병장터에 지어졌던 토야마하이쯔(戶山ハイツ)는 전쟁 이후 처음의 대규모 목조의 도영주택(都營住宅)이었다. 그 기준으로 되었던 단위는 4피트~8피트로 있었다. 한 예로 15평의 제한 내에서 설계되었던 주택은 부부와 어린아이 1명의 가족을 대상으로 설계되었다. 2층의 일부를 터놓았는데 면적 15평의 제한 내에서 큰 공간을 만들기 위한 것으로 생각된다. 또 가족의 수가 늘었을 경우는 필요에 의해 2층의 터진 공간을 바닥으로 개조하여 면적을 늘릴 수 있었다.

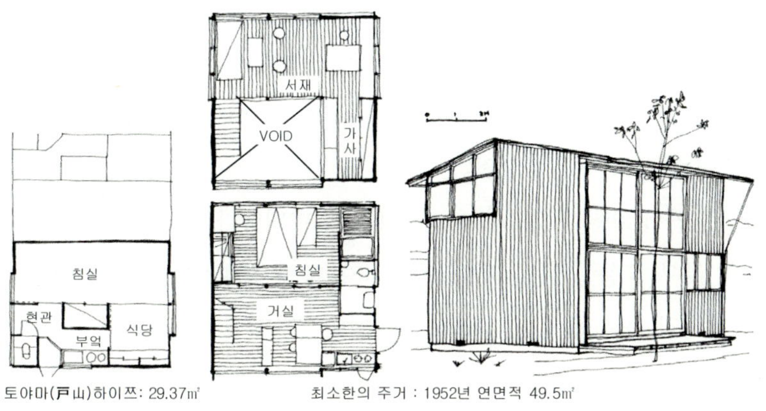

토야마(戶山)하이쯔: 29.37㎡   최소한의 주거 : 1952년 연면적 49.5㎡

中·右: 「図説 日本住宅の歴史」, p.122

[그림 21] 토야마하이쯔와 최소한의 주거

3) 목조아파트

일본에는 목조아파트가 있다. 목조아파트는 임대를 목적으로 민간에 의해 건설되었던 2층 목조아파트를 가리킨다. 건물 안에 다수의 세대가 거주하는 임대주택으로 해서 현관, 복도, 취사장, 세면장, 변소, 욕실 등의 설비를 공유하며 거주실을 전용으로 하는 것도 있었다. 이러한 거주형태는 일본의 독특한 거주형태로 있다.

이러한 목조아파트는 최초로 메이지시대의 빈민층에 있어서 거주지가 된 싸구려 여인숙에서 출발한 것으로 넓은 방으로 불리는 잡거 방과 부부 또는 가족, 남녀의 연인 등의 손님을 위한 별간(別間)이 있었다. 집세는 일세로 계산되며 이불은 사용료를 지불하면 빌려주었다. 욕실을 두는 여인숙은 인기가 많아 찾는 사람이 많았다. 그래서 집세의 해결이 손쉬운 손님부터 차례로 받았다고 한다. 이곳에 취사도 가능했지만 매일 아침 매우 혼잡했었다고 한다. 이 시기 동경에 싸구려 여인숙에는 숙박자가 많아서 그냥 숙박하는 숙박업소가 아니고 빈민의 주거로서의 역할을 하였기 때문에 세대가 사는 주거로서는 불편한 게 많았다. 이를 해결하기 위해 공동연립주택이라고 하는 새로운 주거형식이 발생하기에 이르렀다.

공동연립주택은 싸구려 여인숙에서 변형되었다. 1902년 싸구려 여인숙의 부부 또는 가족을 위해 동경시가 처음 건설하였다. 공동연립주택은 발생과 동시에 빈민사회에 환영받아 그 수요가 많았다. 싸구려 여인숙에 비해 공동연립주택의 이점은 큰 방에 여러 명이 투숙하는 잡거 방이 없고 벽으로 구분된 독립적인 한 개의 방으로 되어 있어 가족적인 분위기였다는 것과 구청 등에서 세대 파악에 유리했다는 것이다. 또 보통의 연립주택에 비해 공동연립주택의 좋은 점은 집세의 지불방식이 월세가 아니고 여인숙처럼 일세로 지불하여서 집주인에게 내는 보증금 및 가구 준비 등에 필요한 경비가 적게 드는 것이 이점으로 있었다. 일세는 5일분, 일주일분, 10일분 등으로 지불하였다고 한다.

공동연립주택의 구조와 형태에 대해서는 1923년에 작성된 문서[21]에 의하면 건물의 중앙에 복도를 둔 중복도 형식으로 변소, 수도를 공유하고 취사는 각자의 실에서, 복도 또는 골목 등에서 하는 것이 일반적이었다고 한다. 1938년을 전후로 하여 목조아파트가 급증하였으며 동경도내에 존재하는 1945년 이전에 건설되었던 목조아파트 수는 3천 호, 1동당 평균 20호로 상정하면 약 150동이었다. 그러나 당시의 아파트는 1동당 임대수가 많았던 것을 고려하면 그 동수는 적을 가능성도 있다. 이러한 목조아파트의 건축적 특징을 정리하면 다음과 같다.

① 실내복도의 양측에 임대실이 배치되었다. ② 현관의 구축법에 중점을 두고 외관은 화풍과 화양절충도 볼 수 있다. ③ 관리인실 및 사무실을 설치하고 아파트에 상주하는 관리인은 당시 아파트 경영에 관해서 중요한 역할을 했다. ④ 실의 크기는 다다미 4.5장 또는 6장을 깔아둔 크기가 기본으로 2장을 깔아둔 아주 적은 것도 있다. ⑤ 전용설비는 수납장과 가스대가 있고 세면대를 설치하는 경우도 볼 수 있다. 공용의 설비에는 취사장, 세면장 변소가 있고 욕실은 볼 수 없다.[22]

이러한 목조아파트는 1950년대 후반부터 동경과 오사카 등의 도심부에 집중적으로 공급되었다. 1960년대에 욕실을 설치했던 목조아파트가 건축되었던 것과 동시에 현대판의 공동연립주택에 가까운 목조아파트도 공급되었다. 1980년대에 들어서면서 급속하게 프래패브 아파트

---

21) 東京市社會局, 「共同住宅及びビルディングに關する研究」, 1923.
22) 朴炳順, 松村秀一, 「東京における昭和初期木造アパートの建築的特徴に關する研究」, 日本建築學會計畵論文集 第553号, pp.147-153, 2002.3.

가 공급되고 부엌과 변소의 전용만으로는 아니고 욕실까지 각 주호에
요구되어 1985년 이후에는 화장실의 유닛화로 유닛욕조의 보급과 더
불어 각 임대실에 욕실을 설치하는 것이 일반화되어 현재는 대부분
욕실을 갖추고 있다. 당시 목조아파트는 근년의 아파트와 비교하면 외
관상, 설비상 조금씩 다른 것도 있지만 그렇게 큰 차이는 없는 것으로
여겨진다.

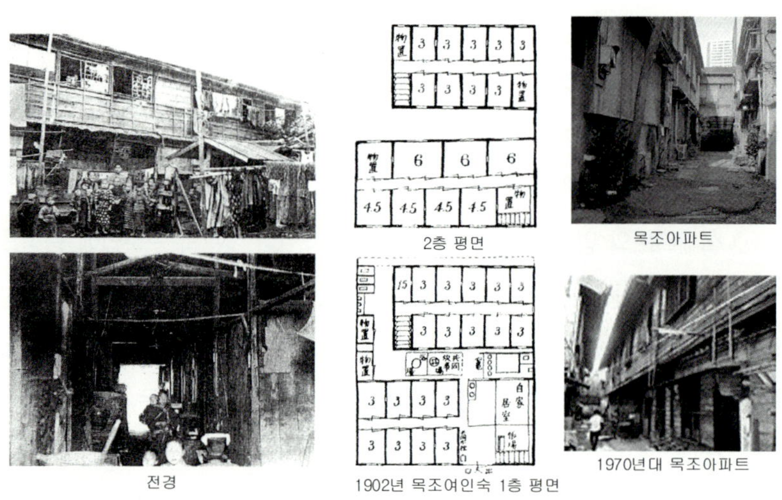

[그림 22] 목조아파트

4. 나가며

가. 목조주택 공업화에 대해

서구의 선진국으로부터 여러 가지 기술과 교육방식을 일본도 도입하였다. 이후 일본에 서양의 건축가와 서양관이 들어서게 되었다. 건축교육은 과거의 목수의 전수교육과는 달리 대학이나 고등교육기관에서 서양건축의 기술을 교육하였다. 이곳에서 배출된 초기 건축가들은 국가적 건축물이나 대규모 건축설계의 기술지도에 종사하는 등 많은 특권을 누렸었다.

일본은 산업화에 따라 주택에서도 급변하였다. 도시화와 군수산업의 발전은 대도시와 군수도시에로의 도시인구유입으로 극심한 주택부족을 초래하였다. 이러한 상황에 건축가들은 다시 서민의 주택문제와 공급에 눈을 돌려 기준만들기, 규제만들기, 최소한의 주택, 규격주택, 국민주택, 표준주택 등의 주택에 관한 조사와 실험을 진행시켰다. 이로 인해 최초로 건축법령이 제정되었고 지진이 많은 지리적 특성으로 내진(耐震)과 방화(防火)에 대한 규정이 강화되었다. 또한 일본 정부는 주택공급을 위한 정책을 제시하였다. 그 실행은 정부의 보조를 받은 민간기업이 많았지만 동윤회와 영단주택의 공공기간에서도 주택공급에 앞장섰다. 이때 집합주택에서 철근콘크리트나 콘크리트조의 주거가 나타나기 시작했지만 일본의 근대주택은 대부분 직인(職人)들에 의해 지어진 직인형(職人型) 목조주택이었다. 이러한 주거의 변화과정들은 1960년대 일본의 고도경제성장과정의 공업화주택을 실현하는 데 발판이 되었다고 생각된다.

나. 일본 근대주택의 변천에 대해

서양의 새로운 주택양식의 도입을 시험하고 경제성과 효율성을 중시했던 합리적인 생활과 의자생활이라고 하는 새로운 주거양식을 도입하였다. 결론부터 말하면 일본의 근대주택의 변천은 양관(洋館)의 화풍화(和風化)와 화관(和館)의 양풍화(洋風化)라는 2가지 방향으로 생각된다. 이러한 두 가지 축은 결국 화양절충형(和洋折衷型)주택을 만들지 않았을까 생각한다. 이러한 과정들은 예로써 서양관에 다다미 뿐만 아니라 여러 의장적인 요소도 적용시킨 양관의 화풍화와 좌식에 입식의 생활을 적용시켜 응접실과 현관 등 새로운 실들이 생겨났고 그 실들의 의장적 형태를 위해 대벽이 도입되면서 구법에도 변화를 주었던 것이 화관의 양풍화로 여겨진다. 이외에 근대 산업발달에 의한 연료의 변화와 설비·가구의 공업화제품은 부엌, 욕실, 변소 등에 보급되어 공간 및 형태를 바꾸게 하였고 이로 주택생활문화까지 바꿔놓았다고 생각된다.

● 참고문헌

坂本 功 監修, 日本木造住宅産業協會 「日本の木造住宅の100年」, 2000

平井 聖 「図説 日本住宅の歴史」學芸出版社

井上 朝雄, 「木造戶建住宅における構法の変遷に關する硏究 昭和20年代の
　　　　都市部を通して」, 東京大學修士論文, 1999

E.S. モース「日本人の住まい」, 八坂書房, 1991

木造建築硏究フォラム編 「木造建築事典 基礎編」1995.3

建設省住宅局木造住宅振興室 監修, 地域住宅産業硏究會 編者, 「木造住宅
　　　　産業 その未來戰略」, 彰國社, 1997.4

朴炳順, 松村秀一,「東京における昭和初期木造アパートの建築的特徵に關す
　　　　る研究」, 日本建築學會計畫論文集 第553号, 2002.3

佐藤滋, 外4人「同潤會のアパートメントとその時代」, 鹿島出版社, 1998.7

安國鎭, 「韓國における木造住宅の現狀(1)　ツーバイフォー住宅の導入と変
　　　　遷」, 木材情報, 2007.2

제 2 장
일본 목조주택시장의 변화과정과 현황

1. 세계 목조건축시장에서 일본의 위치

1) 세계 목조건축시장에서 일본의 위치

스웨덴 국립시험연구소는 스웨덴 및 유럽의 목조관련 건자재를 일본에 보급시키기 위해 Euroline Japan이라는 사무실을 최근 동경에 개설하였다. 그곳에서는 유럽의 목조건축과 주택 관련 건자재와 건축물을 소개하는 강연회나 세미나를 가끔씩 주최하고 있다. 강연회의 강연자는 목조건축 학자에서 업자에 이르기까지 다양하다. 강연회를 듣고 있으면 대충의 유럽의 분위기를 느낄 수 있는데 독일이 집성재를 사용한 대규모 목조건축이 꽤 발달되어 있는 것을 알 수 있다. 이처럼 집성재를 이용해 대규모 목조건축이 지어지고 있는 나라는 독일 이외에 스위스, 오스트리아, 핀란드, 노르웨이 등인데 그중 스위스 서부에 대규모 목조건축이 많이 건립되고 있는데, 디자인 감각도 뛰어나다.

일본은 대규모 목조건축물이 해마다 계속 늘어나고 있는 추세이지만 유럽에 비하면 아직까지 기술력이 약간 뒤쳐져 있다. 일본의 대규모 목조건축의 착공 수는 1991~2000년 10년간 대략 200여 동이 지어진 것으로 추정하지만 2000년대에 들어 목조건축의 착공 수는 증가하고 있는 것으로 생각된다. 대형 목조건축만을 전문으로 하는 설계사무소는 일본에 없지만 건축설계수의 약 50~80% 목조로 설계하고 있는 사무실은 존재하고 있다. 또한 대학에서 새로운 목조구법개발이나 초고층목조건축 건립을 위한 연구가 목질관련 연구소나 설계사무소와 공동으로 진행하고 있는 곳도 있다.

2) 세계 목조주택시장에서 일본의 위치

목조주택과 비목조주택을 포함하여 세계에서 매년 100만 호 이상의 주택을 착공하고 있는 나라는 중국,[23] 미국, 일본 정도이다. 이 3나라와 한국의 인구는 2005년을 기준으로 중국 (약 13억 명), 미국 (2억9천만 명), 일본 (1억2천7백만 명), 한국 (4천8백만 명) 정도이다. 일본은 1967년 이후 지금까지 40년간 매년 100만 호 이상의 주택을 착공해 오고 있다.

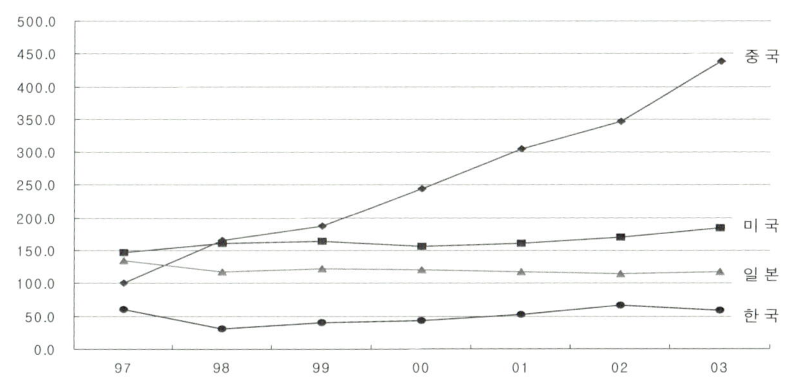

참고자료(중국: 日中建築住宅情報, 미국:U.S. Census, 일본: 統計局, 한국:통계청)

[그림 23] 중국 · 미국 · 일본 · 한국의 연간 주택 착공 수 (단위: 만호)

---

23) 중국에 있어서 연간 주택 착공 수에 대한 데이터는 집계되지 않고 있다. 매년 증가하는 인구성장률과 비교하여 주택착공 수를 예상하고 있다. (出展: 日中建築住宅情報 「伏見 文明 '駐在員は見た!」 p19, 2005 10 · 11月)

현재 일본주택은 전체의 절반가량(45%)이 목조주택이다. 질 좋은 목재를 외국으로부터 대량 수입하고 있다. 목조건축의 건자재를 수출하고 있는 서구의 무역상인들에게는 일본이 주요 수출국으로, 경쟁적으로 일본진출을 다투고 있다. 일본의 목자재 수입은 북미와 유럽 등으로부터 질 좋은 목재를 대량 수입해 오고 있다. 2×4 목조주택의 자재는 주로 북미에서, 재래목조주택의 자재는 북유럽에서 대량으로 수입해 오고 있다.

현재 세계에서 목조주택이 많이 지어지고 있는 나라는 일본을 비롯하여 캐나다, 미국, 뉴질랜드, 오스트레일리아, 스웨덴, 노르웨이, 핀란드 등 여러 나라가 있다.

우리나라도 천년 이상 나무로 집을 짓던 목조문화였지만 일제강점기시대에 많은 목재가 군수물자로 사용되면서 삼림(森林)이 훼손되었다. 해방 이후, 한국전쟁을 치루면서 주택은 소실되거나 파손되어 응급 복구되었는데 이로 인해 삼림은 더욱더 황폐화되었다. 정부는 더 이상의 삼림훼손을 막기 위해 삼림보호정책으로 벌목을 금지시켰다. 당시 목조주택은 국산 목재에 의존하고 있었기에 벌목이 금지된 상황에서 목재공급이 원활히 이루어지지 않아 서서히 자취를 감추게 되었다.

현재 우리와 비슷한 문화권인 아시아에서는 일본만이 유일하게 대량으로 목조주택을 건립하고 있는 것이 아주 흥미롭다. 40년간 매년 100만 동 이상의 주택이 착공되고 있는 거대한 일본 주택시장의 주택구성과 변화과정을 이해하기 위해서는 무엇인가 유형화 작업이 필요하다. 일본의 백 수십만 호에 달하는 주택시장에서 나타나고 있는 현상을 자세히 분석하여 정리해 보고 싶지만 주택 하나하나 따져드는 것은 실제 불가능한 일이다. 유형화 작업을 위한 주택의 분류는 백 수

십만 호의 내용에 관한 통계자료에 의존하여 내역을 파악할 수밖에 없다. 1945년부터 2003년까지의 일본 주택 착공 수의 데이터를 표로써 알기 쉽게 정리하여 일본 목조주택시장이 일본주택시장 내에서 차지하는 변화과정을 비목조주택과 견주어 살펴보고자 한다.

2. 일본 주택 용어정리와 주택유형

1) 일본의 주택생산과 관련한 용어정리

일본의 주택생산시스템은 한국과 많은 다른 점이 있다. 그래서 처음 접하는 이들에게는 새로운 용어가 많을 거라 생각된다. 우리와 다른 용어를 사용하고 있는 일본의 주택생산과 구법관련 용어들을 보다 이해하기 쉽게 하기 위해서 자주 쓰이는 용어 몇 가지를 정리하고자 한다.

- 工法: 「施工法」에서 온 용어로 생산단계에서의 방법이 달라 주목한 용어로 현장에서 만드는 방법을 의미한다. 영어에서는 Construction Method가 가장 가깝다.[24]

- 構法: 「構成法」 혹은 「構造法」에서 온 용어로서 「건축 부재의 건물 구성 방법」의 의미로, 구성 부재의 재질, 조합하는 방법, 접합 방법 등을 포함한 종합적인 용어로 이용된다. 영어에서는 Building System라고 한다.

- 軸組構法: 「在來構法」・「在來木造」・「在來軸組構法」라고도 불리는 在來木造는 목질재료에 의한 기둥과 보를 주로 하고 가새 등으로

---

24) 川鍋亞衣子, 「木造軸組の展開に關する研究」, 東大博論, p1の2, 2002.

주택의 골조를 이루고 있는 가구로 포괄적인 의미를 나타낸다. 이 구법은 전통구법 그대로를 현대에 재현해 놓은 것이 아니라 현대의 실상에 맞게 개량한 것이다. 가구의 접합 방식은 과거에 못 등을 사용하지 않고 나무의 끼움과 맞춤으로 골격을 형성했던 것을 현재는 못이나 접합철물 등을 조합해 형성하고 있다. 이 용어는 1960~70년대부터 이용된 프리패브구법과「2×4구법」등의 신구법과 구별하기 위해서 생겨났다.[25]

- 프리패브 : 현대의 공업화주택이라고도 불리는 프리패브주택은 영어의「Prefabrication」의 약어로 원래「미리 제작하는 것」을 의미한다. 조립주택이라고 하는 것은 종래 건설현장에서 실시하였던 작업을 별도의 장소(공장)에서 부재를 생산하여 현장으로 옮겨서 건설현장에서 부재를 조합하거나 접합하는 방식을 프래패브 구법 또는 공업화 구법이라 한다. 프리패브구법은 구조재로 목질계(혹은 목질 패널계), 철골계, 콘크리트계로 나눌 수 있다. 또 시공법에 따라 패널(내력벽)방식, 軸組방식, 유닛방식 등으로 구분한다.[26]

- 2×4 : 2인치×4인치의 규격인 목재를 주요 구조재로, 바닥과 내력벽으로 건물전체를 일체화하고 구조용 합판 등에 못을 사용하여 상자를 조립하는 벽구조방식이다. 일본에서는 화조벽공법(枠組壁工法) 또는 투바이포공법이라고도 불리지만 한국에서는 경량목구조 주택이라고 흔히 부른다.

---

25) プレハブ建築協會,「プレハブ住宅コーディネーター教育テキスト」1995.
26) プレハブ建築協會,「プレハブ住宅コーディネーター教育テキスト」p144, 1995.

-생산주체별 용어-

- 工務店: 종업원 4인 이하의 개인사업자로 年間住宅供給規模가 1~
  30동 미만으로 縣內의 일부 지역에서 주택을 공급하는 업체로 현
  재 전국에 대략 1만5천~2만 업체가 있다.[27]
- 지역빌더: 독자적인 상품을 가지고 있으며 年間住宅供給規模가 30
  ~1000동 정도로, 한 개의 縣전체 정도에 공급하는 업체.
- 주택메이커: 전국을 상대로 年間 1000동 이상의 주택을 공급하는
  대규모 주택공급업체.[28]

2) 주택 구조에 의한 주택유형[29]

(1) 재료에 의한 분류

재료에 의한 분류는 가장 일반적인 것으로 목조(Wooden Structure),
철골조(S Steel Stucture), 철근콘크리트조(RC Reinforced Concrete
Structure), 철골철근콘크리트조(SRC Steel Framed Reinforced Concrete
Structure), 조적조 등으로 나눌 수 있다.

(2) 구조형식에 의한 분류

축조구조(軸組構造: 기둥 보 구조방식으로 일명 가구식 구조), 벽
구조로 구분된다. 축조구조는 브레이스와 라멘으로, 벽구조는 외벽패

---

27) 建設省住宅局木造住宅振興室「木造住宅産業」彰國社, p10, 1997.
28) 松村秀一「戸建住宅構法計畵式論」, 東大博論, p10, 1984.
29) プレハブ建築協會, 「プレハブ住宅コーディネーター教育テキスト」, p.139, 1995.

널과 브레이스 패널로 구분된다. 이를 건축 재료별로 정리해 보면 아래와 같다.

[표 1] 軸組구조와 벽구조

		목 조	철 골 조	철근콘크리트조
軸組구조	軸組 Brace구조	가새구조(목조)	軸組Brace구조	
	라멘구조		라멘구조(S)	라멘구조(RC)
벽구조	외벽패널구조	2×4구조(목조)	내력벽구조	내력벽구조(RC)
	Brace패널구조		Brace 패널(S)	

참고: プレハブ建築協會, 「プレハブ住宅コーディネーター敎育テキスト」, p.139

3. 일본 목조주택시장 변화과정

1) 1945~1959년

목조주택이 많은 일본의 도시는 전쟁 중에 공습으로 쉽게 파괴되었다. 패전까지 전국 115도시 약 230만 호가 공습에 의해 소실되었다고 한다.[30] 1948년 시가지건축물법령의 대부분이 개정되고 목조건물의 방화구조에 중점을 둔 임시방화건축규칙이 공포되었다. 이 시기에 방화관련 중요한 연구기관과 학회가 다음과 같이 설립되었는데 현재까지도 일부 명칭이 변경되어 이어져 오고 있다.

1946년 전재부흥원총재관방기술연구소(戰災復興院總裁官房技術硏究所)
(현재의 국토교통성 건축연구소)의 안에 방화연구부분 설치.
1948년 일본손해보험협회·화재과학연구회창설.
1948년 국가소방본부의 소방연구소(현재 총무성 소방연구소)설립.
1950년 일본화재학회의 창립

한편 1946년 이후의 건축화재 연구는 태평양 전쟁의 공습 시 화재의 피해를 입은 빌딩진단(실내가 전소되었던 콘크리트조 건물의 재생을 목표로 진단조사)과 불타지 않는 도시건설이라고 하는 국가차원의 대책도 있었다. 방화에 대한 연구와 조사는 내화조건물(耐火造建物)에 중점을 두고 진행하였다. 그 결과 목조건물에 있어서 그 후 약 30년간 눈에 띄게 큰 화재는 없었다고 하는 이들도 있다.

(1) 목조금지의 움직임

타나베 헤이가쿠(田辺平學, 1898-1954)라고 하는 인물은 근대적인 목구조를 처음으로 연구했던 사람으로 유명하지만 패전 이후부터 1950년대 전반까지 목조금지를 주장하였다. 그는 1923년 관동대지진때 도시 전체에 발생했던 화재와 태평양 전쟁 시 공습에 의해 파괴된 동경과 요코하마를 예로 들어 목조사용 금지를 주장했다. 결국 이 주장은

---

30) 建築學大系21 建築防火論, 彰國社, 昭和41年(1966) 2月.

받아들여져 1952년 내화건축촉진법이 공포되고 내화건축(耐火建築)과 목조건축의 공사비 차액(差額)의 절반까지를 국가에서 보조하도록 하였다. 또 각 도시의 중심부에 방화 건축 띠를 지정하고 내화건축물을 나란히 세워 도시를 분단하는 것을 목적으로 했다. 1959년 건축기준법의 개정에서는 「간이내화건축물」의 새로운 방화규제가 추가되었다. 이로써 경량강재와 석면 슬레이트 등의 새로운 불연 재료와 구법의 개발, 보급을 추진하였다. 일본건축학회도 목조금지를 결의하였다.[31]

하지만 이러한 목조주택 금지에도 불구하고 미국의 압력 등으로 건축행정 당국은 1974년 7월에 북미의 2×4공법의 기술기준을 인정하는 법규를 제정하였다. 이를 일본 내에서는 2×4공법의 오픈화라고 칭하고 있다. 이후 수차례의 개정이 이루어졌다. 1987년에는 준 방화지역에 한하여 목조 3층을 지을 수 있게 완화되었고 현재는 4층까지 지을 수 있게 더욱 완화되었다.

(2) 주택생산의 공업화 시도

주택의 건설에 이용하는 부재를 가능한 공장에서 가공하고 건설현장에서 그것을 조립만 한다고 하는 공업화의 기술은 전쟁 전의 영단(營団)의 시도, 전쟁 이후의 공장생산주택과 콘크리트블록주택 등이 개발 초기의 사례이다.

---

31) 坂本 功 監修, 「日本の木造住宅の100年」, 日本木造住宅産業協會, p.45-47, 2001.

左: 松村秀一「工場化住宅·考」, 右: 松村秀一「建築生産」

[그림 24] 1945년 이후의 공장생산주택(프레모스형: 좌),
1948년 콘크리트블록주택(프레콘: 우)

현재까지 계속 이어온 당시의 기술개발로는 1955년에 설립되었던 일본주택공단에 의한 PCa패널과 철강회사에 의한 경량철골구조의 개발을 들 수 있다. 다만 이러한 기술을 기초로 하여 조직적으로 주택의 대량공급이 이루어진 것은 1960년대부터이다.[32]

2) 1960~1972년

고도경제성장기라고 불리는 이 시기는 신축주택의 착공 수가 매년 증가하여 1960년 46만 동이었던 신축주택이 1972년에는 약 3.5배의 186만 동을 기록하였다. 일본경제의 주역으로 주택산업이 크게 주목을 받고 새로운 형태의 주택관련 산업이 차차 나타나기 시작했는데 그 대표적인 것으로 주택메이커, 맨션개발업자, 부품메이커 등이며 목조주택 시장에서는 1960년대 목질프리패브주택, 프리컷트 기술의 개발 등이다.

---

32) 松村 秀一, 「建築生産」, 市ヶ谷, p.50, 2004.

아래의 그림은 공법별로 매년 연간 착공 수를 집계하여 도식화해
보았다. 대부분 재래공법이었던 주택은 1960년대 프리패브공법이, 1970
년대 중반부터 2×4공법의 주택이 건립되기 시작하였음을 알 수 있다.

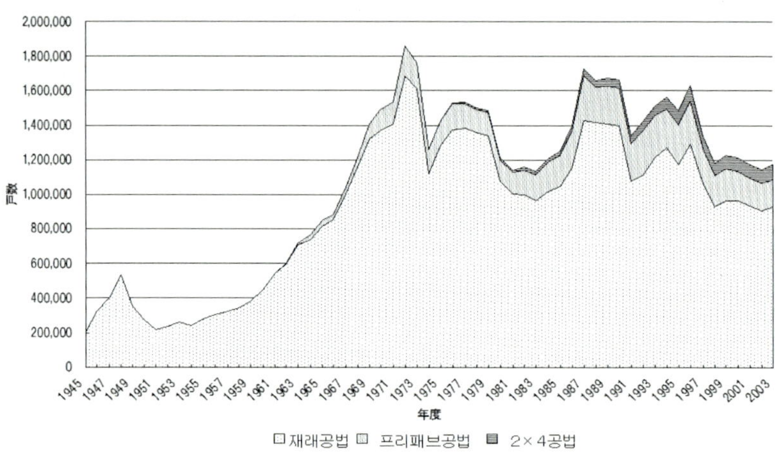

[그림 25] 공법별 연간 주택 생산량 (作成: 角倉英明)

(1) 프리패브 주택메이커

많은 주택메이커는 철강업, 화학공업, 가전제품제조업, 목재가공업
등의 다른 산업의 기업이 단독주택시장에 삽입하는 형태로 생겨났다.
그 때문에 그런 기업들이 생산 공급하는 주택에는 당시의 일반 단독주
택에 이용되지 않았던 경량형강, 합판패널, 플라스틱건재 등 새로운 공
업재료가 다양하게 사용되었다. 이러한 공업재료는 공장에서 부품의
형태로 가공되어 건설현장에 투입되었던 것으로 프리패브 주택 혹은
공업생산주택이라고 불렸다. 주택메이커에 의한 단독주택은 판매방식
도 특징적인데, 그것들을 살펴보면 주택전시장에서의 카탈로그를 이용

한 판매와 신문 텔레비전 등의 매스매디어를 이용한 광고, 그리고 영업전담 스태프 조직화 등은 이 시대에 처음 생겨났던 판매방식이다.[33]

일본에서 목질프리패브가 생겨난 것은 1962년에 미사와 홈이라고 하는 주택메이커가 건설대신인정(建設大臣認定), 소위 건축기준법 제38조 인정[34]을 받았던 것을 시작으로 이후 2년 만에 목질프리패브가 5~6개 업체가 더 생겨났다. 1960년대는 프리패브 주택이 난립했던 시대로 여러 가지 종류[35]의 프리패브구법이 시도되었다.

프리패브구법은 현재까지 이어지는 시스템으로 중요한 것은 접착패널 공법이다. 미사와 홈의 「미사와 F350형」 시스템을 시작으로 그 후 중형 패널시스템은 프리패브주택의 주류를 이루었다.

---

33) 松村 秀一, 「建築生産」, p.50-51, 2004.
34) 일본의 2×4공법은 기술기준에 있어서 최초의 공시 제정에 이르기까지 수년간 연구와 시행적 과정을 거쳐 하나의 공법으로 자리매김하였다. 이 시기 2×4공법의 일반적 기술기준이 존재하지 않았기에 2×4공법 또는 그 유사한 공법의 실시는 건축기준법 제38조의 규정에 의해 기업단위별로 소위 건설대신인정을 필요로 했다.
　　출처: 安 國鎭 「氣候特性への2×4工法の適用に關する硏究」, 坪井記念硏究助成硏究成果報告書, 2006.4.
35) 프리패브 주택의 특징은
　　① 일부 철골계 축조구법의 프리패브를 제외하고 기둥이 없고 주로 벽구조라는 것.
　　② 벽·바닥·지붕 등의 패널생산에 있어서 접착제를 사용하고 있다는 것.
　　③ 사용목재가 대부분 수입재라는 것이 특징이다.
　　- 프리패브구법(공업화 구법)의 분류방식은
　　주로 구조재료에 의해 분류되지만 공업화주택성능인정제도에서 지칭하는 방법에 의하면 목질계, 철골계, 콘크리트계로 구분된다. 이 3가지 재료에 의한 분류는 아래와 표와 같이 조립방법에 의해 더욱 세분화된다.

미사와 홈 F350형

「日本の木造住宅の100年」, p.50

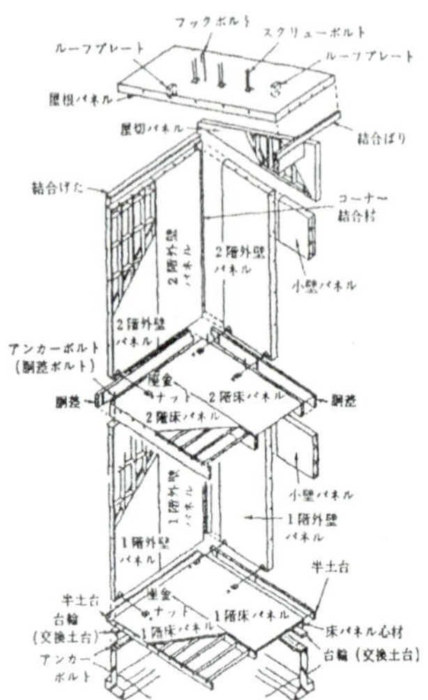

[그림 26] 미사와 홈 F350형 시스템

대형패널공법은 부지조건의 여건에 따라 건설되었지만 구조적으로는 모두 접착패널공법이었다. 목질프리패브는 현재 남아 있는 회사가 많지 않지만 1960년대 후반과 1970년대 초반에 여러 회사가 생겼었다.

[표 2] 프리패브구법의 종류

재료	명칭		조립방법	구성부재	접합
목질계	중형패널 구법			벽 바닥 천정 칸막이 지붕	볼트 너트 접착제 철물
	대형패널 구법				
	박스 유닛구법			박스유닛, 지붕, 칸막이, 천정	
철골계	軸組 구법	브레스		기둥, 보, 브레스, 벽, 바닥, 천정, 칸막이, 지붕	볼트 너트 철물
		라멘		기둥, 보, 벽, 바닥, 천정, 칸막이, 지붕	
	벽 구조	외벽패널		외벽패널, 기둥, 보, 벽, 바닥, 천정, 칸막이, 지붕	
		브레스패널		브레스패널, 기둥, 보, 벽, 바닥, 천정, 칸막이, 지붕	
	박스 유닛구법			박스 유닛, 지붕, 칸막이, 천정	
콘크리트계	중형패널 구법			바닥반, 벽판, 지붕판, 칸막이, 천정	볼트 너트 몰탈
	대형패널구법				

참고 : プレハブ建築協會, 「プレハブ住宅コーディネーター教育テキスト」

축조식의 프리패브 주택은 현재의 축조구법의 합리화 구법과 매우 비
슷하다.

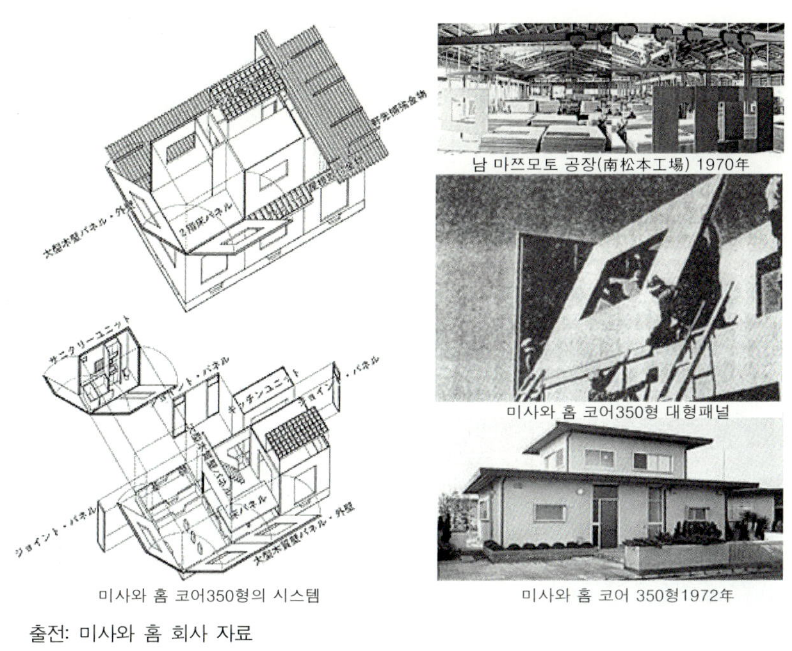

출전: 미사와 홈 회사 자료

[그림 27] 미사와 홈 코어 350형 주택

(2) 2×4공법의 태동

에이다이(永大)라고 하는 회사는 永大하우스 BK형(이후 ED라고 불
림)을 개발하였다. 이 제품은 2×4공법의 패널구조를 적극 도입하여 B
K형 내력(耐力)패널을 개발한 것이 특징이며 38조 인정을 취득받은
후 주로 2층집의 건립에 사용되었다. 에이다이(永大)에서는 BK형이
프리패브로서 완성도가 높고 장래 발전성이 있다고 판단되어 방대한
자금을 끌어들여 건자재 공장과 하우스 공장 등 적극적으로 사업을 확

장하였다. 하지만 1973년 오일쇼크로 일본 전국의 주택 착공 수가 급격히 줄어드는 분위기에 결국 이 회사도 시기를 잘못 맞춘 탓에 도산하고 말았다.[36] 하지만 ED는 일본의 2×4공법이 도입되기 전에 개발되었던 공법으로 일본 2×4공법 주택에서는 빼놓을 수 없는 구법으로 평가받고 있다.

「日本の木造住宅の100年」, p.52

[그림 28] 永大하우스 BK형

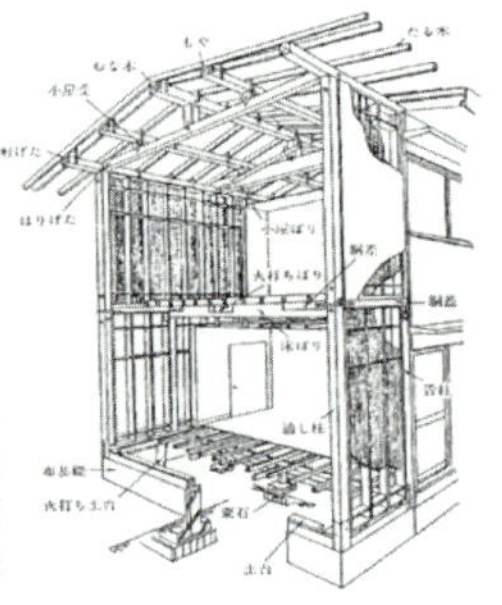

左・中: 「日本の木造住宅の100年」, p.51

[그림 29] 永大하우스 FC형

(3) 부품메이커

오늘날 일본 주택생산을 주도하면서 각종의 부품메이커의 여명기로 큰 역할을 했던 것은 일본주택공단(日本住宅公団)이다. 일본주택공단

---

36) 阿部市郎(아베이치로) 씨와 2005년 10월 13일 인터뷰 내용을 정리.
아베이치로氏는 1966년 에이다이(永大)의 회사에 입사, 1971년 BK형을 개발시켰으며 일본에 처음 2×4공법을 오픈화 작업에 동참했던 인물이다. 이후 미쯔이 홈(三井ホーム)으로 이적하여 전무이사를 역임했다.

은 주택의 질을 안정시키고 집합주택을 빨리, 대량으로 건설하기 위해 1955년에 만들어졌던 조직으로 고도경제성장기에 일괄적으로 집합주택생산의 공업화를 주도해 왔다. 공단이 중심으로 되어 개발을 진행해 왔던 여러 가지의 주택부품, 예를 들면 스테인리스 싱크대, 스틸새시, 주택용 환기선 등의 부품은 1960년에 KJ부품(공동주택용 규격부품)으로 대량 발주되었고 부품메이커의 개발력의 강화로 생산설비의 정비 등을 후원하게 되었다. 한편 단독주택의 분야에서는 시장규모의 급속한 확대의 분위기를 타서 프린트 합판이나 라스보드 등의 신건재, 플라스틱제 물받이와 알루미늄 새시 등의 공업재료를 주로 생산하던 부품메이커가 주택산업으로도 눈을 돌려 독자적인 판매루트를 확립해 갔다.[37]

3) 1973~2005년

목조주택시장에 있어서 이 시기에 주목할 만한 것은 1974년 2×4공법의 오픈화와 프리컷트 기술의 보급, CAD/CAM형 전자동기계의 개발과 1989년 목조주택합리화 인정제도 등이다. 2×4구법은 북미의 구법을 참고하여 다다미의 모듈을 사용하는 등 일본식으로 변환되었다.[38]

---

37) 松村秀一, 「建築生産」, 市ヶ谷, p.52, 2004.
38) 2×4구법은 1974년에 오픈화되었지만 당시 갑작스레 도입된 것은 아니다. 일본에는 북해도 개척사업을 할 당시 1877년경에 삿포로의 그 유명한 시계탑과 북해도대학 농학부의 건물 등에 처음 2×4구법의 발룬구법이 도입되었으며 일본 본토에는 1923년 관동대지진 후 복구 당시에 미국으로부터 지진에 강한 발룬구법이 소개되어 요코하마에 실제로 꽤 많은 양이 건설되었다. 이 2×4의 발룬구법은 현재의 플랫폼구법과는 다르다.
   (出展: 安國鎭 「氣候特性への 2×4 工法の適用に關する硏究」, 坪井記念硏究助成硏究成果報告書, 2006.4)

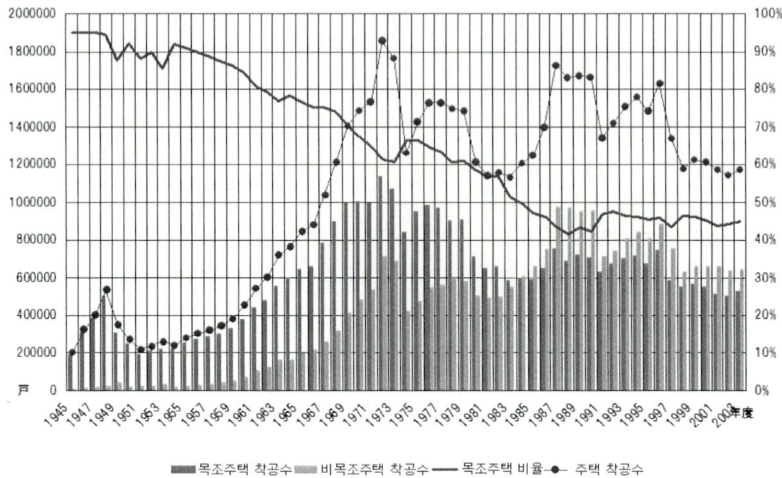

[그림 30] 일본의 목조주택과 비목조주택 착공 수의 변화 (作成: 角倉英明)

이 시기를 일본 전체 주택시장을 놓고 볼 때 1973년부터 1974년은 일본의 주택산업에 있어서 큰 전환이었다. 첫째로 전후(戰後) 일괄해서 문제였던 주택부족이 해소되었다. 1973년 정부에 의한 주택통계조사에 따르면 처음으로 모든 도도부현(都道府縣)에서 주택총수가 총세대수를 상회한 것으로 나타났다. 둘째로 1973년 11월에 발생했던 오일쇼크를 계기로 고도경제 성장기를 종언하고 일본경제 전체가 저성장기에 들어섰다. 이전처럼 주택을 대량생산할 필요성이 감소하여 결과적으로 신축주택의 착공 수는 이 시기에 격감했다. 1973년에는 일본사상 최고인 186만 호의 주택을 신축했으나 다음해에는 그 2/3의 약 130만 호까지 감소했다. 또한 주택의 대부분이 목조주택이었던 일본 주택시장은 1955년 일본주택공단의 설립과 1960년대 민간기업에 의한 맨션·아파트 단지개발로 비목조구법의 공동주택이 급속하게 보급되었다. 결국 1984년을 기점으로 목조주택(49.7%, 599,608호) 공급률은 비목조주택(50.3%, 607,539호)에 역전을 당했다. 이후 목조주택의 보급률은 전체 주택의 40%대에서 상승, 하락을 반복하며 현재에 이르고 있다. 2003년 데이터를 보면 전체 주택 중 목조주택 45.1%(529,044호), 비목조주택 54.9%(644,605호)를 차지하고 있다.

이 시기 「量으로부터 質로」라는 용어가 유행어처럼 되었고 주택산업은 수요의 고도화, 다양화로 효과적인 대응을 강하게 요구하였다. 특히 1980년대 이후의 주택산업에서는 지금까지의 소품종 대량생산방식에서 다품종 소량생산방식으로 이행을 지향하는 움직임이 현저하게 나타났고 프리패브 주택과 주택부품 공장에서는 작업 교환시간을 줄이기 위해 제어공정을 라인 생산시스템으로 바꿨으며 일괄생산방식에서 수주생산방식으로 바꿨다. 집합주택에서는 한 동, 한 층 안에 다양한 주호플랜을 혼재시키는 기획이 일반화되어 갔다.

소위 거품경제시기라고 불렸던 1980년대 후반은 또다시 주택 착공수가 증가했다. 1973년 이후 10여 년 이상 신축시장의 침체로 괴로워했던 주택건설업자는 다시 살아난 경기로 활력을 얻었다. 거품경제라는 시기에 주택 착공 수는 급격히 증가하였지만 우수한 기술을 가진 기능공의 수는 턱없이 부족하였다. 목조주택시장에서 이를 해결하기 위해 1980년경부터 개발했던 프리컷트의 CAD/CAM 전자동기계를 80년대 후반에 적극 도입하여 프리컷트 공법을 널리 보급시켰다.

1989년에 개시했던 「목조주택합리화 시스템을 인정(일본주택·목재기술센타)」은 목조축조구법의 근년의 경향이나 동향 등을 잘 나타내고 있다. 의욕적인 공무점과 지역 빌더 등에 의해 인정되었던 목조주택 합리화시스템은 전국 각 지역에 산재한 목조축조구법을 선도적으로 이끌어 갔다.[39] 그 한편 자재가격, 기술공의 임금은 고등하여 주택의 건설 단가가 소비자 물가지수를 훨씬 상회하였다.

1990년대에 들어서 거품경제는 붕괴했지만 신축주택시장이 크게 축소되기 시작했던 것은 1990년대 말부터이다. 그 사이 주택산업에는 두 가지 큰 과제가 있었다. 하나는 거품기에 현저하게 높아져 버린 주택가격의 문제였다. 이를 해결하기 위해 주택의 성능과 질에 관한 정보를 정확하게 소비자에게 전달하는 시스템 구축과 중고주택시장에 대한 인식 전환 등이 지적되었다. 다른 하나는 1995년 한신·고베 대진재 시(大震災時) 주택의 성능, 품질 면에서 문제점이 발견되어 목조주택을 중심으로 품질관리체제의 강화, 확충이 요구되었다. 구체적으로는 주택산업 내에서 많은 기업이 ISO9000시리즈 인증을 취득하고 일본 정부가 새롭게 품확법(品確法, 주택 품질 확보 촉진법)을 제정하는 등의 움직임이 있었다. 또 근년에는 지구환경보호에 대한 친환경이 사회적인 과제로 인식되어 주택산업에서도 자원순환을 향한 기술개발과 라이프 스타일평가의 적용 등의 대처가 시작되었다. 환경에 미치는 영향을 별로 고려하지 않고 신축만을 고집해 왔던 일본의 주택산업은 현재 큰 전환기를 맞이하고 있다.[40]

4. 일본 주택생산자별 변화과정

일본의 주택시장을 이해하기 위해서는 우선 누구에 의해 주택이 얼마만큼 공급되고 있는지를 파악할 필요가 있다. 이것에 관한 기존연구

---

39) 川鍋 亞衣子, 「木造軸組構法の展開に關する研究」, 東大博論 p.2-1, 2002.
40) 建築生産 전게서 p.52-55, 2004.

로 松村秀—[41]의 문헌에 1963-1996년까지의 주택생산자별 변화과정에 관해 간단히 소개되어 있다. 이 장에서는 주택착공과 관련하여 주택생산자의 관계를 정리하고자 한다.

현재 일본의 주택생산은 여러 주체에 의해 업체 간 주택종류별 복잡하고 다양한 형태로 얽혀있어 그 전체상을 파악하는 것도 쉽지만은 않다. 주택생산에 관심을 가진 연구자도 이것저것 통계자료를 맞춰가면서 뭔가 주택생산의 전체상을 표현하려고 했지만 좀처럼 쉽지 않다. 그러한 주택생산의 전체상의 접근 방법 중에 건설성의 건축동태 통계자료의 데이터를 중심으로 해서 주택생산의 전체상의 한 단편을 표현하는 형식으로 「주택생산기상도」가 있다. 현재는 이 표현형식이 가장 알기 쉽게 되어 있다. 이 「주택생산기상도」는 일본건축센터가 최초로 작성했던 것으로 그 특징을 정리하면 다음과 같다.

① 전체의 장방형의 면적은 각 해당 년의 신설주택착공호수에 비례하고 있어 각 년별 주택시장의 크기를 알 수 있다.

② 세로축방향은 크게 목조와 비목조주택으로 분리하고 다시금 단독주택·연립주택과 공동주택으로 2분할하였다. 또 가로축방향은 목조, 비목조의 각각에 있어 재래구법과 프리패브구법으로 2분할된다.

③ 이와 같이 장방형의 분할을 근거해서 여러 영역에 대응하는 주택생산 공급주체의 명칭을 들어 맞춰 주택생산에 관한 주체 간의 관계가 어떻게 대응하고 있는가를 나타낸다. 실제로 프리패브 주택메이커는 하청 업체와 외주 사업자로서 전문공사 업체와 부품메이커가 있다. 이러한 업체 간에도 복잡하게 얽힌 중층구조가 존재하고 있지만 「주택생산기상도」는 그의 한 단면을 표현하고 있는 것에 지나지 않는다.

---

41) 松村秀一, 「住宅ができる世界」のしくみ, 彰國社, 1998.

이러한 표현형식을 이용하여 1963년, 1973년, 1985년, 1996년의 4개의 시점에서 주택생산 주체별의 대응관계를 살펴보고자 한다.

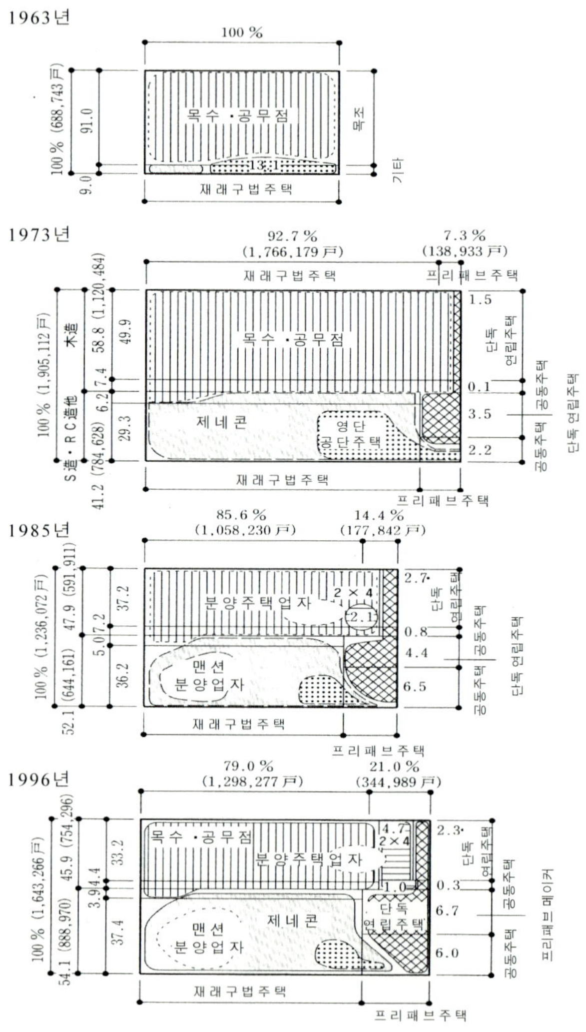

松村秀一, 「住宅ができる世界」のしくみ, 彰國社, 1998

[그림 31] 주택생산기상도

1) 1963년

1964년 동경올림픽이 있기 바로 전년에는 장방형의 크기가 작은 것에서도 알 수 있듯이 신설주택착공 수는 아직 69만 호에 지나지 않았다. 대부분은 목조주택이었고 비목조의 공동주택(오늘날의 아파트나 맨션)을 건설하기 시작했던 공단주택과 공영주택을 제외하면 대부분이 목수와 공무점에 의해 건설된 재래목조주택이었다. 프리패브 주택은 단독주택과 공동주택 분야 모두 실용화되기 시작했던 바로 직후로, 이때 소위 재래구법에 의한 주택이 거의 100%를 차지하고 있었다.

2) 1973년

10년을 경과하는 사이에 신설주택의 착공호수는 3배 정도의 약 190만 호까지 증가했다. 이와 같이 착공호수가 상승한 주된 이유는 비목조건축물을 다루는 제네콘(종합건설업자)이 주도적으로 맨션 등의 공동주택을 건립하면서부터이다. 반면 종래 목수나 공무점이 공급하는 목조주택의 비율은 감소하고 있었다. 목조주택의 비율이 줄었다고는 하지만 실제 착공 수는 종전에 비해 2배 가깝게 증가하였다. 이렇게 목조주택의 착공 수가 증가되었던 것은 10년간 목수나 공무점 수의 증가와 새로운 건축자재 및 부품을 사용하여 목조주택의 생산력 향상을 가져온 것이 요인으로 작용하였다. 또한 10년 전에는 모습을 드러내지 않았던 프리패브 주택메이커는 일정량 이상의 주택을 착공하는 존재로 주택시장에 자리 매김하기 시작하였다.

3) 1985년

1973년 이후 1985년에 이르기까지 일본은 2번의 오일쇼크를 경험하였다. 신설주택의 착공호수는 꽤 감소했지만 이전에 까마득하기만 하던 100만 호대는 일상 유지하게 되었다. 공동주택은 점차 그 비율이 증가하면서 맨션분양업자도 꽤 큰 위치를 차지하고 있었다. 반면 점차 작아져 버린 단독주택의 영역에는 프리패브 주택메이커, 2×4주택메이커 및 분양주택업자가 그의 비율을 높였지만 목수나 공무점의 중심성은 점차 사라지고 양적으로도 줄어들고 있는 것을 읽어낼 수 있다.

4) 1996년

소비세율이 인상되기 직전에 주택시장에 뛰어든 수요자에 의해 주택 착공호수는 164만 호라고 하는 높은 수치를 나타내었다. 그 증가의 많은 부분이 프리패브주택과 2×4구법주택이었으며 재래구법에 의한 목조주택의 중심성은 완전히 없어진 형태로 되었다. 그러한 상황하에 목조주택을 다루어 왔던 목수 공무점이 비목조주택으로 그의 영역을 옮기는 경향도 도시부를 중심으로 나타나기 시작했다.

이상과 같이 과거 목수나 공무점에 의한 목조주택이 전부였던 주택시장은 1960년대 전반부터 불과 30여 년 남짓 많은 변화를 하였다. 그 중에서 목수 공무점의 비중은 상상 이상으로 줄어들었다.

5. 일본국민이 선호하는 주택 - 결론을 대신하며

1) 목조주택 선호도 80%

일본의 단독주택의 주류는 말할 것도 없이 재래축조구법의 목조주택이다. 그러나 소비자는 정말로 현재 재래목조주택에 대해 만족하고 있을까? 아무래도 재래목조주택도 포함해 주택에 대한 요구에 구조적으로 변화가 생기고 있는 것 같다. 결론적으로 말하면 그 변화는 목조주택＝공무점 주택이라고 하는 이미지로부터 벗어나 대기업(주택메이커) 위주의 도시형 주택수요가 시장의 중심으로 변해 가고 있다. 이러한 도시형 주택은 도시가족이 요구하는 서비스를 충족시키며 주택 만족도를 높였다. 목조주택의 소비자는 예전처럼 목조주택 ＝ 재래축조주택이라고 하는 화풍(和風)의 주택 이미지만은 아니고 실제로 다양한 이미지를 목조주택에 요구하고 있다.

목조주택은 일본국민의 80% 정도가 요구하고 있는데 그 근거로 되어 있는 것이 총리부(總理府)가 실시했던 세론조사(世論調査)이다.[42] 여기에서 말하는 목조주택이라는 것은 반드시 재래 목조를 가리키는 것은 아니다. 재래목조주택과 공업화 목조주택을 합산해서 80%이다. 1978년 조사에서는 재래목조주택이 74.8%, 공업화 목조주택(목질프리패브와 2×4주택 등 공업화 목조주택)을 4.7% 선호한 것으로 나타났지만 그 후 공업화 목조주택의 비율이 점점 높아지는 것을 볼 수 있다. 1999년 조사에서는 재래구법 이외의 공업화 목조주택이 21.5%로 높게 나타났는데 이러한 이유가 1995년 1월에 발생했던 한신 고베 지

---

42) 內閣府政府廣報室,「森林とみどりに關する世論調査」.

진 때 재래목조주택의 피해가 많았으나 공업화 목조주택은 피해가 적었던 것이 원인이었다. 이러한 공업화 목조주택의 선호현상은 더욱 가속화되어 1978년에 비해 2003년에 재래목조주택이 74.8%에서 60%로 감소하였지만 공업화 목조주택은 4.7%에서 20.4%로 증가하였다.

물론 소비자의 주택 선호는 재래목조주택에서 살고 싶다고 응답한 소비자가 60%로 여전히 높았지만 그 재래목조는 반드시 지역의 전통적인 목조주택이나 재래구법 = 공무점 주택을 의미하지 않는다.

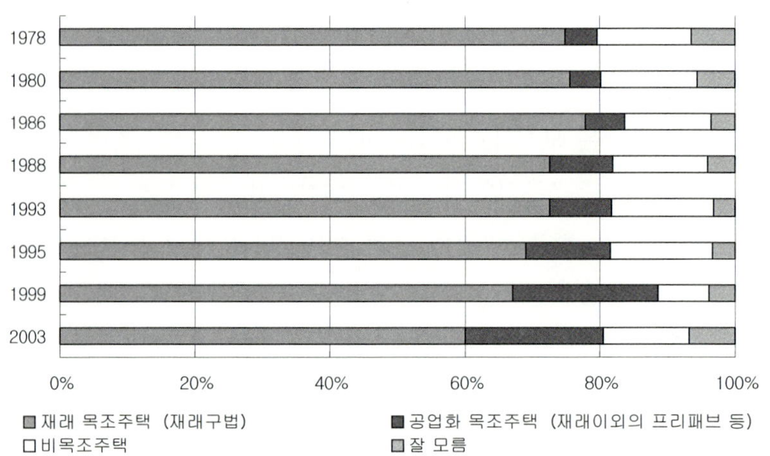

[그림 32] 어떤 주택에서 살고 싶은가?

「그렇다면 왜 재래목조주택을 선호하는가?」라는 질문에는 「기후 풍토에 적합하고 통기 보온성 등의 거주성이 뛰어나다」는 응답이 가장 많았고 「예부터 습관적으로」라는 응답과 「나무가 좋아서」라는 응답 순으로 15년간 크게 변화는 없었다.

비목조주택을 선택했던 이유를 보면 「화재와 지진에 강하다」라는 이유가 약 80%가량으로 급격히 상승하며 가장 많았다. 이는 1995년 1월 한신·고베 지진이 일어나던 같은 해 12월의 조사결과에서 밝혀진 것으로 대진재(大震災)의 파괴가옥의 상황 등을 인식한 결과라 생각된다.

2) 공업화(프리패브) 주택을 선호한 동기

2004년 통상산업성(通商産業省)에서는 실제로 공업화주택을 신축했던 소비자를 대상으로 앙케이트 조사하였다.[43] 공업화주택을 선택하게 된 동기가 첫 번째로 「내구성, 안정성 등 품질성능이 우수하다」였으며 두 번째로 「대기업제품이어서 안심하고 맡길 수 있다」라는 것이 많았다. 여기서 주목되는 것은 「대기업제품이어서」라는 항목이다. 이는 소비자가 주택공급업체에 의해 주택을 선택하고 있다는 점이다. 결국 소비자는 「누가 공급하고 있는 주택인가」가 주택 선택상의 포인트로 작용한다는 것을 의미한다. 따라서 지역 소비자에 대해 어떤 형태로든 자사(自社)와의 관계에 친화성을 구축해 나가는 것이 앞으로의 주택시장의 활로를 펼 수 있는 중요한 전개방향이라 생각된다.

3) 주택소비자가 선호하는 주택생산자

2005년 3월 일본 전국을 대상으로 〔단 오키나와(沖繩) 제외〕 주택생산자 실태조사를 위한 앙케이트 조사를 실시하였다.[44] 조사결과의

---

43) 通商産業省生活産業局　住宅産業窯業建材課,「工業化住宅に關する消費者アンケート調査結果の概要」, 2004.2.
44) トステム建材産業振興財団의 연구조성비를 지원받아 2005년 3월 인터넷 앙케이트 조사를 실시했다.

일부분으로 생산자의 전개방향성에 대해 새롭게 알게 된 사실은 과거에 소비자가 지역과 밀착했던 공무점을 선호했지만 현재는 공무점이 점차 퇴보하고 대기업의 주택메이커를 선호한 것으로 나타났다. 이에 대해 공무점은 설계사무소와 공존하여 「조직의 신뢰와 신용」, 「시공품질」, 「주택의 품질」, 「설계, 계획」 등에 중점을 두고 소비자에 접근해야 한다는 결론을 내렸다.[45]

반면 우리나라는 약 57%가 목조주택을 선호한다고 하는 앙케이트 조사결과를 본 적이 있다. 하지만 실제 목조주택의 연간 착공 수는 3~4천여 동에, 2×4목조주택이 약 2천여 동으로 아직은 적은 수치이다. 목조주택관련 시공업체도 매년 늘고 있는 추세에 있지만 얼마 전까지 2×4목조주택의 시공업체가 약 300여 업체에 불과했다.[46] 아직까지 한국에 목조시장이 형성되었다고는 말하기 어렵지만 최근 웰빙과 팬션 등의 붐으로 조금씩 목조주택에 대한 인식이 도시민들 사이에 정착해 가고 있는 듯하다.

2006년 2월 서울무역전시장에서 전시된 목조주택을 둘러보러 간 적이 있었다. 많은 사람들로 여기저기 발 디딜 곳이 없을 정도로 목조주택에 대해 관심이 많아 보였다. 서구의 여러 나라와 일본의 목조주택전 시장을 둘러봐도 간혹 있을까 말까한 황토관련 기술이 이번 전시에는 독특하고 다양하게 접할 수 있었다. 그 황토를 사용한 제품들은 주택의 구조체에서부터 벽, 바닥, 천정 하물며 침대매트에 이르기까지 다양하게 전시되어 있었다. 앞으로 목조와 황토의 혼용이라든지 여러 가지 새로운 아이디어로 한국식 목조주택시장의 개척이 예견된다.

---

45) 松村秀一, 角倉英明 安國鎭 谷口尚弘, 「住宅及びその生産者に關する生活者の意識の解明」, 日本建築學會學術講演梗槪集, 2005.9.
46) 한국목조건축협회와 여러 기업체의 인터뷰를 통해 얻은 결론.

◑ 참고문헌

1945부터 - 2003년까지의 建築統計年報

建設省, 「建築動態統計」

統計局

U.S. Census

內閣府政府廣報室, 「森林とみどりに關する世論調査」

通商産業省生活産業局 住宅産業窯業建材課, 「工業化住宅に關する消費者ア
　　　　ンケート調査結果の概要」, 2004. 2

日中建築住宅情報, 2005 10·11月

川鍋亞衣子, 「木造軸組の展開に關する研究」, 東大博論, 2002

プレハブ建築協會, 「プレハブ住宅コーディネーター敎育テキスト」1995

建設省住宅局木造住宅振興室「木造住宅産業」, 彰國社, 1997

松村秀一「戶建住宅構法計畵式論」, 東大博論, 1984

建築學大系21 建築防火論, 彰國社, 昭和41年(1966)2月

坂本 功 監修, 「日本の木造住宅の100年」, 日本木造住宅産業協會, 2001

松村秀一, 角倉英明, 安 國鎭, 谷口尙弘, 「住宅及びその生産者に關する生
　　　　活者の意識の解明」, 日本建築學會學術講演梗槪集, 2005.9

安國鎭, 「氣候特性への2×4工法の適用に關する研究」, 坪井記念研究助成
　　　　研究成果報告書, 2006.4

제3장
일본 재래목조주택

94

1. 재래목조주택시장의 위치

1) 주택시장 규모의 변화

일본 단독주택의 주류는 재래축조(在來軸組)목조주택이다. 최근 10여 년간 신설주택착공 수의 연간 평균은 약 130여만 호이며 그중 목조주택의 착공 수(着工數)는 50~75만 호로 비교적 안정적이다.

목조주택 착공 수의 추이를 보면 1980년에 전체 착공 수의 58%를 차지하였지만 2003년에 약 45%로 줄어들었다. 목조주택 착공 수는 재래목조주택에 있어서 다소 감소하였지만 2×4목조주택의 증가로 45% 전후를 계속 유지하고 있다. 1996년도는 1997년도 4월부터 시행된 소비세율 조정으로 인해 주택수요가 급증하여 약 75만 호에 달했지만 1997년도 이후 50만 호대로 떨어져 2003년에 529,044호로 되었다.

목조주택을 구조별로 착공비율을 보면 재래목조주택이 1987년까지 전 목조주택의 약 90% 이상을 차지하였지만 프리패브주택과 2×4주택의 대두로 2003년도에 약 80%(421,961호)로 감소하였다. 2×4목조주택은 꾸준히 증가하여 2003년도 전체 목조주택 중 15.8%를 차지하였고 목질프리패브주택은 1987년 9.4%에서 2003년 4.4%로 줄어들었다.

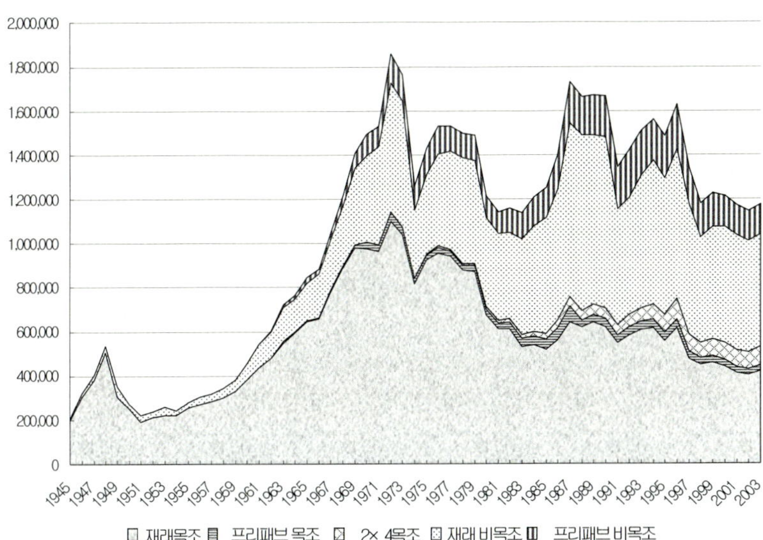

[그림 33] 구법별 주택시장규모의 추이(作成: 角倉英明)

2) 목조주택 공급자 현황

일본 전체 목조주택시장에서 각 구법별 대기업을 간단히 소개해 보면 재래목조주택은 대부분이 중소공무점(中小工務店)에 의해 건설되고 있어 대기업의 점유율은 10% 미만으로 낮다. 이러한 재래목조주택의 시장에서 본격적인 목재 프리컷트화(공업화)의 추진과 CAD시스템의 이용 등 근대적인 수법과 선행투자(적극적인 전시장확보, 인원증강)로 급성장한 기업은 스미토모린교(住友林業)라는 기업이다.

2×4목조주택은 매년 착실하게 착공 수가 증가하고 있는데 미쯔이(三井) 홈이라고 하는 기업이 현재 판매점 60개소, FC(프랜차이즈)회사 21사를 배치하여 전국 네트워크를 구축하고 있다.

목질프리패브주택은 「미사와홈」이라고 하는 주택회사가 목질계의 주택호수로는 톱 메이커로 3만 호대를 유지하고 있다. 이 회사는 판매 비율이 목질계가 80%, 세라믹 20% 정도로 계속 일정 수준을 유지하고 있다.

또 최근 급속하게 성장한 대동건택(大東建託)이라는 회사는 건설과 부동산의 2가지 사업을 하고 있으며 모두 임대아파트를 주로 하고 있다. 건설사업은 토지소유지의 자산유효활용[47]을 지원하는 독자의 건택(建託) 시스템(건설의 설계, 시공으로 입주자 딜러의 확보, 사업개시 후의 관리까지 종합적으로 서포터)으로 개발하고 있다. 이 시스템은 굉장히 안정적인 사업을 실행하고 있는 것으로 토지 소유자들에게 인식되어 최근에 매년 3,000~4,000동을 위탁받아 2000년까지 약 5만2천 동을 신축하였다. 상품개발에 있어서는 독자적인 기술과 구조(시스템 브레스 구조)로 고품질, 고강도를 유지하고 철골철근콘크리트, 철골콘크리트조 등 다양한 공법을 채용하여 신상품 개발에 몰두하고 있다. 또한 위클리 맨션[48]을 2×4공법으로 낮은 가격에 다량으로 건립하고 있다.[49]

---

47) 자산유효활용(資産有效活用)이라는 것은 「부동산을 소유하는 것에 가치가 있다」라고 하는 것으로부터 「유효하게 활용해 수익을 낳아야만 가치가 있다」로 토지에 투자하는 것을 의미이다. 地價가 상승하는 경우 자연적 지가의 상승에 의존하지 않는 새로운 사업을 전개하는 것이다. 자산 전체의 「수익성」 「유동성」 「안전성」을 균형 있게 유지하면서 수익성을 높여 차세대에게 어떻게 자산을 주고받아갈까를 고안 「자산 전체의 토탈 경영」 하였다. (인용: http://www.shimadahouse.co.jp/sky/n_sisan.html)
48) 위클리 맨션이란, 1주간부터 이용하실 수 있는 가구에 비품 첨부의 단기 임대맨션이다. 일반 임대맨션은 2년 계약으로 처음에 보증금·사례금·중개 수수료가 필요하지만 위클리 맨션은 이런 비용이 들지 않는다. (인용 : http://www.weekly-mansion.aistation.net/beginner/index.html)
49) 矢野経済研究所, 「住宅トレンドの徹底分析」p.109, 2001, 3.

[표 3] 목조주택시공회사 리스트

	96	97	98	99	2000
미사와홈	36036	29457	30005	30087	30500
大東建託	7750	8650	8896	11508	13800
住友林業	11368	10340	9294	10853	12010
三井홈	11396	10474	8815	8867	9300
아이후루 홈	7319	7767	6146	6614	7000
積水化学工業	7480	6070	5280	5660	5450
네오파레스21	3788	1635	5054	5635	1770
에스 바이 에루	7923	6361	4735	5228	4910
一条工務店	4700	4800	4200	4300	4500
東日本하우스	5099	5049	3890	3690	3810
기타	643821	494269	461921	473016	476950
합계	746680	584872	548239	565458	570000

합계수치는 건축통계연보 (단위 : 호)

재래목조주택의 생산 공급체제는 대기업 주택메이커의 10개의 업체가 전체 주택 착공 수의 10%를 차지하고 있고 중소 주택 생산자(목수와 공무점工務店)가 약 15~16만 사(社)가 90%를 차지하고 있다. 이처럼 목조 주택시장은 주로 재래목조주택〔특히 주문주택(注文住宅)〕으로 목수나 공무점(工務店)이 지역사회에 밀착하여 공급하고 있다. 신설주택의 장기침체로 주택은 종래의 목조주택과는 다른 합리적 방식으로 변화해 갔다. 그 변화로는 우선 재래목조주택은 합리적 공법의 적용(심벽에서 대벽으로 혹은 습식에서 건식으로)과 부재의 프리패브화(공업화)로 공학용 목재와 보강철물을 사용하게 되었다.

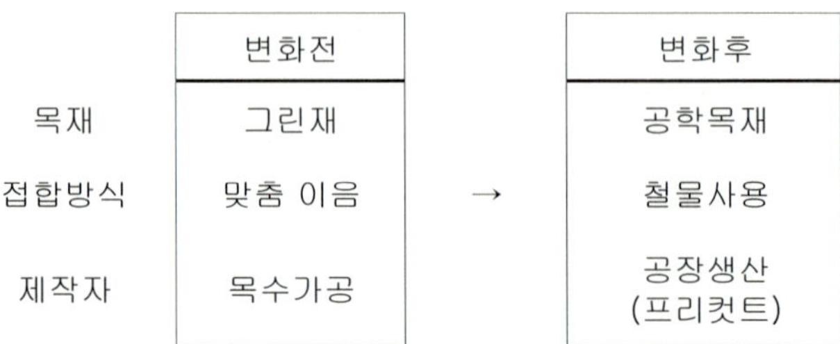

[그림 34] 재래목조주택의 변화

이번 호에서는 재래목조주택의 ①목질재료, ②가공기술, ③생산자를 중심으로 소개한다.

2장 「신목질재료의 등장과 보급과정」은 합판·집성재·석고보드가 일본에 도입되게 된 배경과 보급과정을 서술한다.

3장 「프리컷트 기술개발과 보급」은 부재 가공의 기계화, 프리컷트 공법의 보급, 프리컷트 공장의 업무 프로세스에 관해 소개한다.

4장 「공무점의 등장과 변천」과 5장 「재래목조주택 관련 대기업의 전략과 실태」는 공무점과 대기업에 대해 소개한다. 공무점에 있어서는 공무점의 등장배경과 전형적인 공무점상, 공무점의 유형분류로 현황을 소개하고 대기업은 주택시공회사와 프리컷트 공장으로 구분하여 현지 취재를 통해 최근의 상황을 소개한다.

2. 신목질재료의 등장과 보급과정

일본 목조주택의 기술적인 발전은 시대에 따라 다르지만 근세기 가장 큰 변화라면 합판, 집성재 등의 신목질재료와 접합철물을 사용했다는 점이다. 이장은 일본 목조주택에 새롭게 채용되었던 합판, 집성재, 석고보드의 도입과 변천과정을 살펴보고자 한다.[50]

1) 합판 보급과정[51]

1895년 미츠이 물산(三井物産)은 나고야(名古屋)지점에 침엽수로 차상을 제작하여 홍차 산지인 Ceylon으로 수출하였다. 그러나 영국제의 합판제품이 보급되면서 1905년에 수출량이 급격히 감소하였다. 종전에 이용되었던 침엽수재로는 국제 가격 경쟁을 따라갈 수 없게 되자 三井物産(株)은 목재 매입처인 나고야시(名古屋市)의 아사노(淺野) 목공장(木工場)에 그 샘플을 들여와 저가(低価)의 북해도산 침엽수재를 합판으로 제작할 수 있는 기계를 1907년 발명하였던 것이 일본 합판공업의 효시이다. 1910년에 아사노식(淺野式) 합판의 명칭으로 전매특허를 취득하여 아사노판(淺野板)으로 불렸다. 합판공장은 1914년에 발발했던 제1차 세계대전에 의한 호황으로 증가했다. 1919년에는 접착제의 개발과 더불어 합판의 품질도 향상했다. 아사노(淺野) 목공장은 전시 중에 해군의 수상비행기의 플로트재의 합판을 군수 물자로 납품하였으나 종전(終戰) 후에 공황으로 수요가 감소하고 수출도 끊겨 합판가격도 급락하였다. 판로(販路)확보를 위해 아사노(淺野)공장

---

50) 日本木造住宅産業協會, 「日本の木造住宅の100年」, pp117-137, 2001을 주로 참고하였다.
51) 이 글은 일본건축학회 축경제 위원회 建材産業社(건재산업사) 소위원회가 1994년에 발행했던 小倉 武夫 「合板産業史」日本建築學會建築経濟委員會建材産業史小委員會: 建材産業史 4, 1994의 내용을 중심으로 요약 정리했다. 이를 日本木造住宅産業協會, 「日本の木造住宅の100年」, pp117-127, 2001의 단행본에서 재인용하였다.

은 아사노판(淺野板)을 독점판매 방식으로 도매상과 계약하였다. 이것
이 최초의 합판 도매상이라고 불린다.

합판이 건축에 이용될 거라는 기대는 예견되어 왔었지만 실제 수요
가 크게 변화했던 것은 1923년 관동대지진이 발생하고 나서부터이다.
지진 복구의 건설 수요로 도매상이 생겨나고 합판을 포함한 목재가격
이 고등(高騰)했다. 지진에 의한 수요는 일반 대중에게 합판의 인식을
높였던 계기가 되었고 건축양식의 변화로 합판이 건축재로 사용되었
다. 또 당시까지 합판의 주 목재는 북해도산의 활엽수가 이용되었다.
1929년에 학회 실무계는 「건축토목자료집람(建築土木資料集覽)」이라
고 하는 종합 카탈로그를 간행하였다. 여기에는 571기업, 1천여의 자
료가 수록되었고 합판회사가 광고를 게재하였다. 1920년대 후반, 공황
으로 합판계도 도산이 속출했고 일본의 합판공업을 선구했던 아사노
목공장(淺野木工場)도 1930년에 도산하여 나가노 합판(名古屋合板)으
로 넘겨졌다. 1931년 경기(景氣)는 호전되어 합판산업도 새롭게 도약
하였다. 우선 새로운 접착제가 도입되었고 합판생산량과 공장수도 증
가했고 특히 수출량이 놀랄 만큼 증가하였다. 이로 인해 나왕재의 수
입이 증가하였고 Douglas fir도 수입되었다. 특히 1935~1937년에 미송
합판이 영국, 벨기에 대량으로 수출되어 화제가 된 적이 있다.

1937년 중일전쟁이 발발하여 전시의 경제통치로 9월에는 군수물자
이외에 수입이 제한되어 합판재료의 남양재 등의 목재도 통제되었다.
2차 세계대전 이전인 1940년에 합판생산량은 최대치를 기록하였으나
1941년 태평양 전쟁으로 나왕의 원목수입이 끊기면서 합판 생산은 격
감했다. 공장도 군수(軍需)로 전환하였다. 1942년의 합판생산량은 전
쟁 전의 4분의1 수준까지 감소하였다. 1941년에는 목재통제법이 제정

되어 목재업(木材業)과 제재업(製材業)의 개인영업은 금지시켜 허가제로 되었지만 합판은 고도의 공업제품이었기 때문에 목제통제법에서 제외되었다. 결국 이것이 전쟁 이후 합판업계의 빠른 회복의 요인이 되었다. 전시 중에는 남양재의 확보가 곤란하게 되면서 부나재를 주원목으로 합판을 생산하였고 이는 항공기나 군함의 건조에 이용되었다. 군수용의 합판은 내수성 등 고성능의 접착제가 요구되어 화학공업 등의 기업도 공동으로 요소수지나 석탄산수지계의 접착제의 연구 개발에 총동원되었다.

전쟁에 의해 각지의 합판공장은 아주 큰 타격을 받았지만 전쟁 복구로 가설주택과 점령군의 숙소 등의 건립으로 빠른 회복을 보였다. 종전 직후에 원목은 모두 일본산이었으나 1948년에 나왕재 수입을 재개하였고 접착제는 식량난에 의해 콩기름, 아교를 이용하지 못하여 원료 확보에 어려운 점이 있었다. 이후 요소수지 등의 접착제가 이용되었다. 1946년 미군이 발주했던 합판은 전쟁 이후 합판공업 발전과 기술의 향상에 많은 영향을 미쳤다. 미군의 엄격한 규격과 검사는 전쟁 직후 설비를 제대로 갖추지 못한 일본 합판공장을 괴롭게 했지만 이러한 고통은 결국 합판의 품질개선, 제조기술을 향상시켰다. 1947년 민간 무역이 재개되고 1948년에 본격적으로 합판이 수출되었다. 1950년경에 일본은 호주(45%), 영국(25%), 미국(14%)으로 합판을 수출하였지만 호주와 영국은 수입 금지나 삭감조치를 취하여 1953년에는 대미 의존도가 80% 정도로 상승했다. 또한 일본은 한국전쟁으로 미국으로부터 발주를 받아 많은 양의 합판을 조달하게 되어 합판 공급량이 1952년에는 전쟁 전의 초고수준에 이르렀다. 1954년에는 수출량이 최고를 기록하여 핀란드 다음으로 세계 2위의 합판 수출국으로 성장하였다. 수출위주로 공급되었던 합판은 1960년대에 들어 JAS(일본농림규격)의 수검(受檢)을 받게 되었다. 1965년에는 JAS인정 공장이 생겨나고 내수합판의 3분의 1이 JAS합판이 차지하였다. 고도경제성장에 의해 내수합판의 수요가 급증하여 1973년에 최고치를 기록했다. 그러나 오일쇼크 후, 처음으로 전년실적에 비해 수요가 감소했다. 1979년에 생산량은 일시 회복되었지만, 다음해에 다시 감소했다. 또 합판의 수입량은 1970년대 1%수준이었으나 급격한 엔고(円高)에 의해 국제경쟁력이 약해져 1984년경부터 급속히 증가하여 1997년에는 수입비율이 55.8%에 이르렀다.

합판 성능의 향상은 새로운 수요를 창출하고 합판제품도 다양화되었다. 이로 인해 합판의 규격 또한 다양하게 제정되었다. 특히 내수성이 현저히 향상되었다. 내수성의 향상에 의해 합판은 옥내용과 옥외용으로 용도가 분리되었다. 2000년 6월부터 시행된 신JAS기준법에는 각각의 용도별로 보통합판, 콘크리트 거푸집용 합판, 구조용 합판, 난연합판, 특수합판, 방염합판으로 6종류의 JAS기준이 정해졌다.

합판은 면적(面的)으로 뛰어난 내구성을 가지고 있어 구조용에 적합했던 재료이다. 하지만 일본에서는 합판이 외부마감용으로만 이용되어 왔고 실제 구조용으로 사용된 것은 그리 오래되지 않았다. 서구에서는 전쟁 전부터 합판을 구조용으로 사용했었지만 일본에 서구의 구조용 합판을 소개했던 책이나 문헌도 그리 많지 않았다. 일본은 1960년대부터 프리패브 주택이 건설되기 시작하면서 그 내력벽에 합판이 사용되었다. 한참 후인 1969년에 각 합판회사는 독자적으로 구조용 합판을 제작하면서 구조용 합판의 JAS기준이 제정되었다. 또한 1974년 2×4목조주택이 오픈화되면서 구조용 합판만이 내력벽 재료로 인정되었고 재래목조주택에까지도 합판의 수요가 확대될 거라 크게 기대되었지만 시공상 여러 어려운 점 등으로 목수들이 합판의 시공을 피했으며 가격 면에서도 고가로 당시에 좀처럼 보급되지 못했다. 1999년 재래목조주택 생산자 앙케트 조사[52]에 의하면 1980년 이후 바닥이나 지붕의 면에 합판을 사용하는 경우가 점차 증가하여 조사 당시에 바닥(95.8%)과 지붕(68.3%)에 합판을 주로 사용하고 있는 것으로 나타났다.

2) 집성재 보급과정

집성재 기술은 1901년 독일의 Otto Hetzer에 의해 개발되어 스위스에서 특허를 얻어 북유럽을 중심으로 전개되었다. 1920년대에 미국에 집성재 기술이 전해져 이후 미국을 중심으로 발전해 갔다. 미국에서는 집성재 산업이 기업화되어 집성재의 접착제 연구가 활발히 이루어졌다. 그 결과 유레아 수지, 페놀 수지와 1942년 레조르시노르 수지가 개발되어 내수성은 비약적으로 발전하고 옥외에서도 사용할 수 있게 되었다. 레조르시노르계의 접착제는 현재도 구조용집성재에 주로 사용되고 있다.

반면 일본은 태평양 전쟁 때 철이나 시멘트 등의 물자가 모두 부족하여 그 대체 물자로 목재를 이용하였다. 특히 비행기 격납고 등의 군수시설에 스팬 40m 정도의 대스팬 구조물이 목조로 다수 지어졌는데 이것을 「신흥목구조(新興木構造)」라고 불렀다. 당시 집성재 기술은 미국에서 발달하였지만 일본과 적국 관계에 있어 수입하지 못하고 동맹국이었던 독일의 기술을 많이 도입하였다. 당시 독일은 목재의 접착보

---

52) 東京大學大學院 構法系硏究室, 「木造軸組住宅生産者アンケート」, 1999.

다는 이음 철물에 관한 기술이 발달하
였다. 이로써 일본의 「신흥목구조」라
고 하는 대스팬 구조물은 가는 목재의
접합부분을 볼트나 너트로 연결한 트
러스 아치로 구축했다.

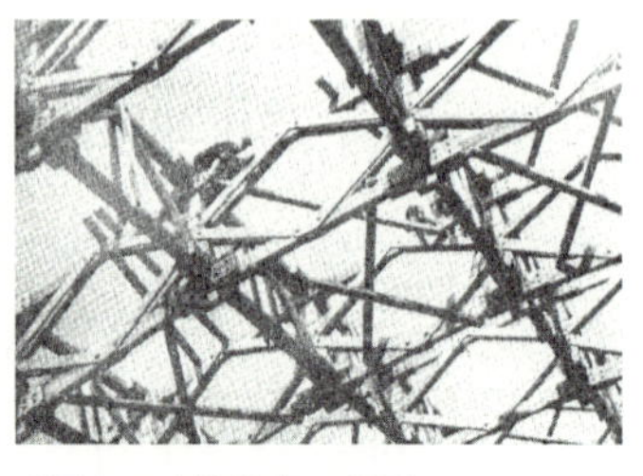

[그림 35] 新興木構造

전쟁 이후, 일본은 미국의 접착기술
을 도입하면서 본격적으로 집성재 건물
을 지었다. 일본 최초 집성재 건물은 1951년 일본 임업기술협회가 도쿄
요츠야(四谷)에 세운 삼림기념관(森林記念館)이다. 집성재는 하중이 별
로 걸리지 않는 2층 회의실 지붕에 사용되었는데 이 집성재는 스팬 9m
의 원형 아치로 요소계 합성수지의 접착제를 사용한 제품이었다.

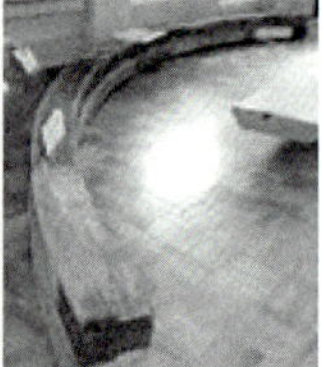

[그림 36] 삼림기념관(1951년 건설)

당시 유일한 집성재의 기업은 미쯔이목재공업(三井木材工業)이었다.
이 기업은 홋카이도(北海道)의 스나가와(砂川)에서 집성재를 연구 개
발하여 1953년 자사(自社)의 오케토(置戸)공장의 창고를 약 11m의 2
단 아치 스팬으로 건설했다. 다음해인 1954년에 나고야(名古屋)공장의
하드보드 창고를 20m 스팬으로 건설했다. 이러한 실적으로 이 회사는
그해 체육관 전용의 집성재를 발매했다. 이후 10여 년간, 약 1000동의

집성재 건축(3분의 2개 체육관)이 북해도(北海道), 동북(東北), 북륙(北陸) 등지에 지어졌다. 1965년에 「미쯔이(三井)하우스U형」이라고 하는 상품을 개발하여 전국에 보급하였으나 1967년 이후 건축기준법의 법규강화와 철골조의 보급으로 인해 집성재 건축물은 격감했다.

[그림 37] 미쯔이 목재공업의 집성재 공장과 주택상품

일본에서의 집성재는 외관 마감재를 중심으로 발달해 왔다. 1950∼60년대 주택부흥(復興)으로 목재수요의 증가와 더불어 제재품의 가격이 상승하였다. 이로 인해 양질재의 입수가 곤란하게 되어 제재 대체품이 요구되었다. 특히 다다미로 된 화실(和室)의 내장재 명목(銘木)은 턱없이 부족하여 비교적 작은 단면의 침엽수 집성재를 내장 마감재로 이용하였다. 이러한 집성재는 기둥, 중인방, 문틀, 상인방 등의 실내 마감재에 많이 사용되었다. 그러나 당시 기본적으로 집성재에 관한 기술은 뒤떨어져 불량제품이 많이 생겨나 집성재에 대한 비판도 많았다. 이로 인해 업계에서는 책임지고 제품을 시장에 공급할 수 있게 하기 위해 집성재 연구개발에 몰두하였다. 집성재 제작 업계는

1963년 일본 집성재공업회(日本集成材工業會)라고 하는 임의단체(당초 회원 수가 19사)를 발족시켰다. 이후 이 단체는 회원 수가 69사로 증가하여 1971년에 일본집성재공업협동조합(日本集成材工業協同組合)이라고 하는 법인조직으로 개편되었다.

 집성재는 1966년 처음으로 JAS(일본농림규격)에 제정되었다. JAS규격은 1969년에 일부 개정되었고 1974년에는 2×4목조주택의 오픈화로 전면 개정되었다. 집성재의 JAS규정은 미관을 목적으로 한 내장재와 구조용집성재로 크게 구분되며 이를 더욱 세분화하여 「조작용집성재」, 「마감용 조작용집성재」, 「구조용집성재」, 「마감재 구조용집성재」의 4가지로 구분되었다. 구조용집성재는 1980년에 건설성 고시(告示)에 의해 허용응력도가 제정되어 결국 공학 목재로 인정된 셈이다. 목조건축물은 기술의 발달로 규모가 점점 커지면서 종래의 기준으로는 건설할 수 없게 되었다. 그래서 1986년에 「구조용 대단면 집성재의 JAS」의 규정이 새롭게 개정되었다. 더욱이 1992년의 법 개정에서는 준내화건축물(準耐火建築物)이 규정되어 목조3층 공동주택도 지을 수 있게 되었다. 1996년의 JAS개정에는 「대단면 구조용집성재 JAS」가 없어지고 대신에 「구조용집성재 JAS」로 통합되었다. 새로운 「구조용집성재JAS」 규정에서는 강도구분이 세분화되었다. 이로 인해 집성재는 용도별로 강도가 각기 다르게 제작되었다.

[그림 38] 구조용집성재를 이용한 다양한 표현

3) 석고보드 보급과정

석고보드[53]의 역사는 1895년 미국의 Augustin Sackett이라는 사람이 석고를 이용해 울 펠트지를 샌드위치처럼 적층 판을 발명한 것으로 일본에서는 1902년경부터 개량되었던 석고보드가 도입되었다. 개량된 석고보드는 적층판 중에 가운데 종이 층을 생략하고 앞면과 뒷면의 두 층만으로 이루어진 것으로 현재의 석고보드와 같은 것이다. 수작업으로 동양건재공업소(東洋建材工業所)에서 생산된 요시노(吉野) 석고는 광산으로부터 채집해 온 석고를 분쇄해 소석고를 공급하여 1921년에 실제 건축물에 사용되었다. 그 당시 두께 6mm석고보드는 F.L.라이트 설계했던 제국(帝國)호텔과 또 다른 마루빌딩(丸ビル), 도쿄부청사 등에 사용되었다. 그 후 동양건재공업소(東洋建材工業所)는 일본타이거 보드, 일본내화(日本耐火)보드로 회사명을 바꾸고 1950년에 오시다(吉田)석고로 흡수 합병되었다. 석고보드는 1945년 종전 이후 건식기법이라고 하는 이점으로 미군의 숙소 내장재(內裝材)로 급속하게 공급되었다. 1950년대 후반에 석고보드의 대량생산으로 가격이 큰 폭으로 떨어져 미장공이 칠벽 대신 석고보드를 이용하였다. 이후 1960년대 중반까지 석고보드는 주택의 다다미방〔화실(和室)〕의 벽과 여관 아파트 및 빌딩의 칸막이벽으로 1960년대 중반까지 계속 사용되었다. 그러나 1971년 달러 쇼크와 1973년의 오일쇼크는 석고보드 업계에 큰 타격을 미쳤다. 결국 석고산업은 소석고, 석고 플라스터, 석

---

53) 석고보드(石膏, gypsum board) : 소석고를 주원료로 하여 톱밥·섬유·펄라이트 등을 혼합하고 경우에 따라서는 발포제(發泡劑)를 첨가하고 물로 반죽해서 풀상태로 만든 것을 2장의 시트 사이에 부어서 판상(板狀)으로 굳힌 것을 말한다.(참고 백과사전)

고보드 등 석고를 이용하는 시멘트 산업에까지도 영향을 미쳤다.

석고보드를 가공한 기술개발은 1960년대 후반에 들어 천정재료가 개발되었다. 이러한 석고보드는 지금까지 건축 재료로 폭넓게 이용되고 있다. 1965년 이후 석고보드는 화실용(和室用), 양실용(洋室用)으로 구분되어 개발되었다. 방화성능에 대해서는 1970년에 건축기준법에 근거해 불연 재료로서 인정을 받았다. 그 후에도 연구 개발을 진행하여 화재 시의 안전성을 향상시키는 목적으로 무기 섬유강화 석고보드가 개발되었다. 또한 건축음향설계를 위해 흡음용 석고보드가 개발되었다. 이러한 석고보드는 이처럼 내화·방화·차음 효과를 위해 타 건축 재료와 복합시키는 방식으로도 개발되고 있다.

3. 프리컷트 기술개발과 보급[54]

1) 부재 가공의 기계화

현재 일본의 재래목조주택시장은 전통적인 목조축조구법(木造軸組構法)의 기둥과 보·도리 등 횡가구재와의 접합부를 회전 날을 사용한 기계로 가공하고 있다. 이렇게 결구부재를 현장이 아닌 공장에서 미리 가공하는 방식을 「프리컷트」라고 한다. 또한 결구부재를 가공하는 기계를 「프리컷트 기계」라고 하며 그것들을 라인 편성하여 일련의 가공을 실시하는 공장을 「프리컷트 공장」, 기계 가공되었던 구조부재

---

54) 3장은 이하의 문헌을 주로 참고하였다.
　　內田賞懸賞事績集, 「日本の建築を変えた八つの構法」pp.189-200, 2002
　　松村秀一, 「プレカットと木造住宅設計者」, 建築知識, 1996.1.

를 사용하여 목조축조를 건설하는 방식을 「프리컷트 공법」이라고 한
다. 기계로 가공된 결구부재는 가공 부분의 모퉁이가 곡면이 많지만
맞춤과 이음의 위치나 기본형상은 재래의 것과 크게 바뀌지 않았다.

　1960년대 후반까지만 하더라도 목수가 수작업으로 대부분 가공했었
지만 1970년대 후반에 프리컷트의 기계가 개발되어 재래목조주택시장
에 보급되기 시작했다. 그 후 프리컷트는 기계의 개량과 개발로 급속
히 보급되어 현재 많은 재래목조주택 공사현장에서 프리컷트 공법을
채용하고 있다.

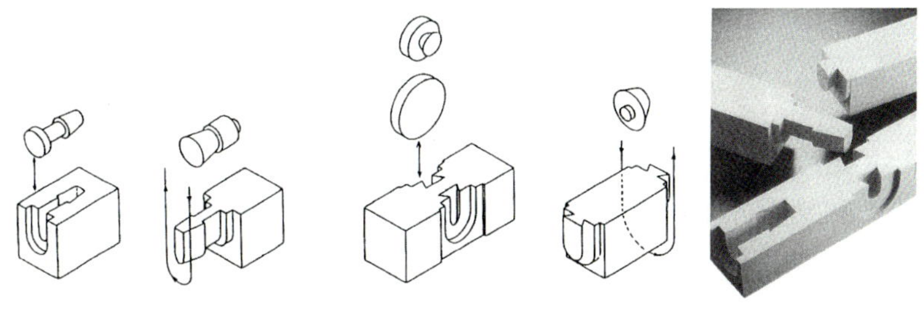

內田賞懸賞事績集, 「日本の建築を変えた八つの構法」

[그림 39] 맞춤과 이음의 둥근형태 가공의 예

2) 프리컷트 공법의 보급

　프리컷트 기계의 개발과 적용은 1976년에 시작되었다. 프리컷트 공
장은 건설업계(建設業界)나 재목업계(材木業界)에 종사하였던 이들이
설립하는 경우가 많았다. 건설업자가 프리컷트 공장을 설립한 경우는
스스로가 건설하는 목조주택의 품질의 안정과 생산성의 향상을 목표
로 설립되었던 것이 많다. 다른 한편으로 재목업자가 설립한 경우는

유통업과 관련하여 보다 높은 부가가치를 지향하기 위해 설립하는 경우가 많았다. 어쨌든 1980년대 초반까지는 목수의 부족현상과 고령화의 문제가 표면화되지 않았기 때문에 당시의 공장설립은 대체로 장래를 위한 대담한 투자가 많았다. 당시에는 「프리컷트」라고 하는 단어도 업계 내에는 정착되지 않았고 목수의 거부반응이 이만저만 아니었다. 당시 프리컷트 공장의 가공재를 사용했던 업체는 대부분 자사(自社)의 시공업체(지역빌더의 경우)나 대기업의 목조주택 공급 업자나 분양주택업자로 한정되었다. 당시 일반 공무점이 프리컷트 부재를 이용하는 경우는 거의 없었다.

프리컷트 공장에서 생산된 가공목을 대량으로 공급했던 것은 1980년대 후반으로 이른바 버블경제기에 들어서면서이다. 이 시기에는 목수가 부족하여 인건비가 상승하였으며 기술이 좋은 목수를 확보하기 어려웠다. 이때 프리컷트 공법에의 수요가 목조주택의 생산현장에 확산되기 시작하였다.

1980년대 후반에는 CAD-CAM형 프리컷트 기계의 개발과 더불어 공무점에도 비교적 염가의 소형 가공기가 판매되기 시작하는 등 기계가 다양화되고 보편화되었다. 이러한 상황에 재목업계(材木業界)는 잇따라 프리컷트 공장을 설립하고 일반 공무점에 가공목을 공급하였다. 이때 공장 총수는 전국 900여 곳이었으며 재래목조주택시장에 있어서 프리컷트 공법의 보급률은 40%에 달하였다. 이 900이라는 수치는 CAD-CAM형의 전자동 가공 기계를 라인 편성했던 공장만을 대상으로 했던 것으로 공무점의 가건물에 소형 가공기를 둔 프리컷트 작업장까지 포함하면 그 수치는 수천 정도로 프리컷트 공법이 보편화되었다.

[그림 40] 도쿄 근교의 일반 공무점의 소형 프리컷트 작업장
(나가노공무점 中野工務店)

3) 프리컷트 공장에서의 업무 프로세스

(1) 구조도(構造図)의 목재량 산출

수가공의 경우에는 목수가 구조도(판도板図·복도伏図)를 그리고 그것을 기본으로 해서 목재를 가공하는 것이 일반적이었다. 프리컷트 공법의 경우에는 2가지 방법이 있다. 하나는 발주자로 있는 공무점과 건설업자가 구조도(構造図) 등의 주문서를 직접 작성하여 공장에 전하는 방식이다. 또 다른 하나는 발주자가 평·입면도(平立面図)와 재료의 치수 관계와 수종 등의 특기 사항만을 기재하여 공장에 전달하고 공장 측에서 구조도(構造図)를 작성하는 방식이다. 지금은 CAD를 이용하여 구조도(構造図)를 작성하는 것이 일반화되어 있어 이 경우에 구조도만 입력하면 목조가공은 물론 부재 하나하나의 가공정보를 자동적으로 얻을 수 있게 되어 있다. 따라서 구조도는 공장에서 CAD의 입력 담당자가 작성하는 것이 일반적이다. 이처럼 구조도는 목조축조의 품질을 결정짓는 중요한 도면이다. 발주자 스스로가 구조도를 작성하는 경우든, 공장에 맡기는 경우든, 가공으로 옮기기 전에 입력된 복도(伏図)[55]의 내용을 충분히 체크하는 것이 중요하다.

(2) 목재의 선별과 먹매김

목재의 선별에는 수용단계에서 불량품을 선별하여 등급설정 분류하는 방법과 가공 직전에 재제(製材)의 품질을 보고 그 사용처를 결정하는 방법이 있다. 전자는 선별 기준이 명확한 공장이 많기 때문에 발주자가 그 기준의 내용과 운용실태를 확인할 필요가 있다. 후자는 종래에 먹줄 그을 때 목수가 선별했었지만 프리컷트 공법의 경우에는 몇 가지 방법이 있다. 현재 프리컷트에는 CAD-CAM형의 전자동가공기(全自動加工機)를 장치하는 곳이 증가하고 있지만 먹매김이 필요로 했던 종래형의 가공기(반자동)를 사용하고 있는 곳도 적지 않다. 그러한 공장에 있어서 작업의 먹매김의 작업은 그 담당자의 속성에 의해 3가지 종류로 크게 나눠진다. 이 3종류는 ①수작업(手作業)으로 목수가 담당하는 경우, ②가공도 등의 읽는 방법이 교육된 작업자가 담당하는 경우, ③구조도 작성 CAD에 의한 가공 정보로 제어되는 먹매김 로봇이 담당하는 경우이다. 목재의 상태를 확인하고 그 사용처를 결정하는 선별 작업에 관해서 목수에 의한 방식은 재래의 경우와 동일한 방법으로 취급하는 것이 좋다. 한편 목수 경험이 없는 작업자와 로봇이 행할 경우에는 선별 책임자를 둘 필요가 있다. 이것은 먹매김 공정을 생략했던 CAD-CAM형 라인의 경우도 마찬가지이다. 일반적으로 이러한 경우에 전임자는 후속 공정의 사람에게 목재의 사용처를 알 수 있도록 번호를 써 넣거나 테이프 등을 붙여 두는 것이 많다.

---

55) 복도(伏図)라는 것은 위에서 투영해서 본 것을 표현한 도면. 평면도.

(3) 건조와 가공

프리컷트 기계를 잘 이용하면 섬세하게 가공할 수 있다. 정밀하게 가공한 부재를 건설현장에까지 변형 없이 보존하기 위해서는 건조된 목재사용과 관리가 필요하다. 건조는 프리컷트 공장 내에 인공 건조 설비를 가지고 있는 곳과 외부에서 건조재를 구입하는 것이 있다. 그러나 많은 프리컷트 공장 중에 건조에 관한 의식이 희박한 곳이 더러 있기 때문에 발주자는 이 점을 유심히 확인해야 한다. 또한 재래목조주택은 지역성을 반영하고 있기 때문에 가공법이 지역에 따라 다르고 동일 지역 내에서도 공장에 따라 다른 경우가 있다. 이것은 공장의 특색에 속하는 부분이므로 발주자는 그 특색을 파악한 후 거래처를 결정해야 한다.

4. 공무점(工務店)의 등장과 현황

일본은 1945년 이후 현재까지 60년간 재래목조주택을 지어온 것은 공무점이 주도를 하였다고 해도 틀린 말은 아니다. 이 장은 공무점이 등장하게 된 시대적 배경과 형성과정, 그리고 공무점의 등장 이후, 반세기가 지난 현재의 공무점의 상황을 소개하고자 한다.

114

1) 공무점 등장

(1) 시대적 배경

일본은 1945년 이후 주택을 조달할 만한 자금이 부족하였기에 1948년을 피크로 주택착공의 침체상태는 1950년대에까지 그대로 인계되었다. 하지만 1950년에 발발한 한국전쟁에 의한 특수 수요는 일본의 경제와 소비수준을 크게 향상시켜 경제를 회생시키는 계기가 되었다. 이로써 1950년은 도시 주택 행정에 있어서도 큰 전환기의 해가 되었다. 건축기준법, 국토종합개발법, 주택금융공고법, 건축사법이 연달아 공포되었다. 목재 등의 할당 통제가 해제되어 주택 건축 제한도 철폐되었다. 결국 1950년부터 1954년까지 5년간 목조건축비는 약 2배, 6대 도시의 시가지가격(주택지)은 약 6배로 상승했다는 보고[56]가 있다.

1949년 주택금융공고(住宅金融公庫)는 주택건설과 주택지 개발을 유도하는 항구적 특수 금융기관으로 창립되었다. 공사와 금고를 절충시킨 정부계의 금융기관으로, 창립 시의 자금은 일반회계로부터의 50억 엔과 미국 대일 원조 담보 자금 86.5억 엔 합계 136.5억 엔의 자본금으로 시작하였다. 이 기관은 주택의 질적 향상을 목표로 도시를 중점적으로 융자신청을 받았다. 주된 사업은 ①주택규모와 수준의 향상, ②목조주택의 구조와 안정성의 확보, ③불연화의 촉진 등의 상세를 규정하는 것과 동시에 표준 설계도, 공사 공통 시방서, 공사 청부계약서의 표준 서식을 접수하고 주택융자를 지원하였다.

1955년에 발족한 하토야마 내각(鳩山內閣)의 중요 정책은 「주택대

---

56) 住宅金融公庫, 「住宅金融公庫五十年史」, 2000.

책의 확충」이었다. 이해 7월에 일본 공단주택이 설립되고 「주택건설 10개년 계획」이 세워졌다. 당시 270만 호 주택 부족과 매년 인구자연 증가에 따른 신규 주택수요를 20만 호 전후로 상정하였다. 이것을 10개년 계획으로 주택부족문제를 해소하기 위해서는 적어도 매년 50만 호 이상의 주택건설을 필요로 했지만 실적은 55년 26만 호, 59년 38만 호로 바닥면적도 1호당 58㎡에 머물렀다.

당시 공단 아파트는 새로운 타입의 거주 양식을 정착시켰다. 의자 식의 다이닝 키친(DK), 수세식 변소, 욕실, 이것을 구성하는 스테인리스 설거지대, 환기팬, 새시 등의 부품은 목조주택의 생산에도 크게 영향을 미쳤다. 1955년 국민소득이 2년 연속 10%를 넘는 증가로 이 해부터 본격적으로 경제성장기가 시작되었다. 한국전쟁을 계기로 회복된 일본경제는 1953년 TV방송의 개시로 전국의 가정에 급속히 TV와 세탁기, 냉장고 등의 가전제품이 보급되었고 50년대 후반에 마이카 시대가 개막하였다.[57]

(2) 공무점(工務店) 등장

주택금융공고는 융자를 지원하기 위한 청구계약을 체결하였는데 각 지역의 개인 명의로 있었던 목수로는 청구계약을 체결할 수 없어 목수도 필연적으로 청구계약을 체결하기 위해 법인화의 사업소의 형태로 바꾸지 않으면 안 되었다. 각 지역에 「○○공무점」이라는 간판을 내걸게 된 것이 1950년대부터였다. 당시 공무점이라는 명칭은 새로운 용어였다. 공무점을 개설하였던 업자들은 공무점이라고 하는 용어 사

---

57) 藤澤 好一, 「工務店の戰後史」住宅保証だより, 2005.8.

116

용에 있어서 「토건업(土建業)이라는 용어는 아무래도 주택업자에게는
적합하지 않았고 공무소(工務所)라고 하는 용어는 설계사무소와 같은
인상을 주어 그 중간적인 의미를 갖는 공무점(工務店)이라고 했다」라
고 한다. 주택금융공고 설립, 건축기준법 공포, 건축사 법 시행으로
1950년대 잇따라 주택건설을 청부맡는 공사 업으로서 공무점의 간판
이 각 지역 여기저기 내걸리게 되었다.[58]

2) 공무점 현황[59]

(1) 공무점의 전형(典型)

재래목조주택 공급의 주역은 공무점이다. 공무점은 전국 각지에 산
재(散在)하는 소규모의 업체로 매우 다양하고 여러 이미지를 가지고
있다. 공무점의 특징은 공사의 수주(受注) 경로이다. 한 지역의 목수
는 지역 특정의 고객이 있고 이 고객의 소개로 일을 수주하는 비중이
매우 높다. 거래하고 있는 주택 수는 대략 20~30채 정도가 많지만 이
정도만 있으면 1채에 있어서 20년마다 신축과 5년마다 증개축이 지속
되어 기본적인 공사가 지속적으로 유지된다.

품질이나 성능은 직공의 기능이나 인격에 의해서 크게 좌우된다.
게다가 거액의 건축비가 드는 주택에 있어서 건축주는 생산물 그 자
체보다 우선 그것을 생산하는 사람의 신뢰성이 우선시 된다. 생산자
측에 있어서도 같은 상황으로 공무점은 건축주 측의 희망을 정확하게
파악해 청부금의 확실한 지불을 받기 위해서는 건축주를 평소부터 잘

---

58) 前揭書 p.8.
59) 建設省住宅局木造住宅新皇室, 「木造住宅産業 －その未來戰略」彰國社, 1997.

이해하고 신뢰할 수 있게끔 하지 않으면 안 된다는 공무점의 전형적인 이미지를 가지고 있다.

공무점에 대한 이미지를 요약하면 다음과 같은 특징을 가지고 있다.

① 주문 단독주택의 시공을 주업으로 대부분의 주택은 지역에 전승된 재래목조구법이다. 주택의 양식이나 구법은 기능으로써 정식화되었고 생산업무와 작업순서는 계통적으로 체득되었던 것으로 이에 한하여 효율적인 생산을 하고 있다.

② 영업권역은 주로 10킬로에서 20킬로 혹은 현장 도달시간이 차로 1시간 이내의 범위로 지극히 좁다. 이러한 좁은 일상생활의 권역으로 경영자의 인격적 신용을 바탕으로 수주활동이 전개된다.

③ 형식적으로는 설계 시공 일관(一貫)의 원청(元請) 공사업자로서 주택 건설공사를 감독한다. 공사의 진행방식에는 건축주의 직영적 색채를 지니며 융통성을 가지고 있다.

④ 주택의 계획이나 설계는 경영자가 직접 하는 경우가 많다. 이들은 건축주의 요구에 대한 이해가 빠르며 정확하다. 즉 건축주의 세대 구성, 가계 사정, 인품을 잘 인식하고 있기에 주문에 재빠르게 대응하며 적확(的確)한 계획안을 제시할 수 있다. 부지의 상황, 입지 환경 혹은 지역의 풍속 습관을 인식하고 있기 때문에 현지에 계승되고 있는 주택의 격식이나 구법 등의 주 양식을 이해하고 적확한 설계안을 제시할 수 있다.

⑤ 생산 면에서는 장기간의 계속적 경영 실적으로 전문 공사 업자나 재목점(材木店)·자재점(資材店)과의 계속적 거래 실적으로 거래상의 신용을 가지고 있다. 이 때문에 하청업(下請業)이나 재목점(材木店)에의 발주나 지불에 다양한 유예(猶豫)가 가능하다. 또 재목점이나

전문 공사 업자에게의 발주(發注)도 경험에 의한 포괄적 합의에 의해 이루어지는 것이 많다. 이 방식은 효율적이지만 합리적이지 못하다.

⑥ 많은 공무점은 지연·혈연을 바탕으로 한 소규모의 경영업체이다. 기술자나 직인(職人)은 위탁, 하청외주(下請外注), 거래 총액 임금 등 일의 양질(量質)에 따라 기동적(機動的)으로 관계를 가진다. 그리고 고정적 인건비를 가능한 한 줄인다. 이것은 좁은 영업권역의 주택 수요의 질이나 양의 변동에 기동적으로 대응하여 경영상의 위험 부담을 줄이는 중요한 방법이다.

(2) 공무점의 유형분류

일본의 주택공급량은 2003년 약 120만 호 정도였다. 그중에 목조축조구법(木造軸組構法)의 주택은 단독주택의 비율이 조금씩 줄어들고 있지만 대체로 연간 38만여 호로 공동주택(4만여 호)을 포함하면 42만 호 정도를 차지하고 있다. 소위 대기업의 주택메이커라고 불리는 전국규모 혹은 그것에 가까운 기업에 의한 것이 대략 9%, 그 중간 단계로 지역빌더라고 불리는 기업이 18% 전후, 나머지 70% 전후는 지역의 목수나 공무점(工務店)에 의해 공급되고 있다. 공급 업체는 어림잡아 보면 15~16만 정도의 ○○회사가 있고 그 대부분이 종업원 4인 이하의 소규모 업체이다. 오늘날까지도 목조축조구법뿐만 아니라 2×4, 프리패브 주택 등의 모든 주택은 그 생산체계의 과반수가 작은 사업소의 협력업체에 의지하고 있는 구조로 되었다.

주택을 공급하고 있는 업체는 수없이 많다. 대기업이라고 불리는 주택메이커는 단독주택과 저층공동주택 분야에서 대기업 30사(재래, 프리패브, 2×4)의 점유율은 대략 20%를 차지하고 있으며 최근 30%

넘어섰다는 관측도 있다. 단독주택분야에서도 목수나 공무점의 주택 공급율은 70%에서 50%대로 계속 감소하고 있는 반면 주택메이커의 점유율은 17%에서 40%에 가깝게 늘어나고 있다. 목수와 공무점은 본래 재래목조주택에 있어서도 그 점유율이 80%에서 75% 전후까지 떨어지고 있다. 특히 근기권(近畿圈),[60] 중경권(中京圈)[61]에서 그 경향은 두드러지게 나타나고 있다.

현재 주택메이커(대기업)를 제외한 일명 공무점이라고 불리는 공급업체를 내용별로 분류하면, ①재래형공무점, ②전통적 공무점, ③협력공무점, ④복합형 공무점, ⑤전문업자, ⑥새로운 타입의 공무점 등으로 구분된다. 이 6종류의 공무점을 소개하면 다음과 같다.[62]

가. 재래형 공무점

주택산업이 우위를 차지했던 시대는 목수를 중심으로 직인(職人)집단이 주택공급을 주도하였다. 그러나 산업의 발전과 변화에 따라 전통적인 산업구조와 공무점의 역할이 점점 붕괴되고 대기업 주택메이커에 의한 프리패브(공업화) 주택과 2×4주택의 보급률이 점점 높아져 가고 있다. 이런 상황에 공무점은 새로운 기술과 사고를 도입하지 않으면 안되는 상황에 처하였다. 현재의 대부분의 공무점 구성원은 사장과 일부의 영업사원, 전문기술자 이외에 비상근으로 이루어져 있다. 공사방식은

---

60) 근기권(近畿圈)은 시가현(滋賀縣), 교토부(京都府), 오사카부(大阪府), 효고현(兵庫縣), 나라현(奈良縣), 와카야마현(和歌山縣), 미에현(三重縣)을 칭한다.
61) 중경권(中京圈)은 아이치현(愛知縣), 기후현(岐阜縣), 미에현(三重縣)을 칭한다.
62) 前揭書 pp.52-59.

전문업자에 재공일식(材工一式)의 일괄청구로 발주되고 있다. 이로써 재료의 가격변동에 대한 대응력이 약하다. 또한 영업력이 약하여 지연·혈연에 의지하는 경우가 많고 자본력이 취약하여 금융기관으로부터 신용이 약하다. 기술 면에서는 설계와 시공의 담당자가 분리되어 있지 않은 경우가 많고 설계와 시공이 분리되어 있는 경우는 설계를 외주(外注)로 하는 경우가 많아 노하우의 축적이 어렵다. 이처럼 공무점은 생산력과 생산성에 있어 전 공정을 스스로 컨트롤하는 입장에 있으면서도 전문업자와 기능공의 행동이나 상황에 좌우되기 쉬운 문제를 안고 있다. 이 문제점은 오랫동안 지적되고 있지만 좀처럼 해결되지 않고 있다.

이러한 공무점의 존재 위기를 벗어나기 위해 대기업 주택메이커와 공업화주택의 협력공무점 계열에 들어가 있는 공무점 혹은 새롭게 일본에 진출해와 있는 2×4목조주택시장에 뒤늦게 뛰어든 공무점, 프랜차이즈 형태로 활로를 찾아가는 공무점 등이 출현하고 있다.

나. 전통적 공무점

일본의 주택산업은 산업구조와 발맞춰 크게 변화하였다. 예를 들면 지역 내 경제권에서 광역경제권으로 경제 범위확장, 지역적 건축 재료에서 전국규모의 건축 재료의 공급과 생산의 분업화, 지역의 재료산출 규모를 상회하는 활발한 주택수요에 의한 주택생산의 공업화와 합리화 등으로 지역 고유의 전통주택은 점차 사라지고 있다. 더욱이 건축기준법과 주택금융공고의 표준시방서가 보급되어 주택이 가지고 있는 지역적 기술이 사라지고 광역적으로 동일화되어 가고 있다. 결국 주택수요가 전국화되고 인구의 유동화로 목조주택이 가지고 있던 지역의 고유성이 점차 사라지고 있다.

전통적 수법을 계승하고 있는 전통적 공무점은 합리화와 근대화를 받아들일 수밖에 없는 상황에 놓였다. 그렇게 되면 재래형 공무점과 다를 바 없는 재래형 공무점이 되고 만다. 전통적 수법을 계승해 가는 것은 정신론과 문화론만으로 전통적 공무점을 유지시키기는 이미 어려운 때가 되어버렸다.

다. 협력공무점

주택메이커의 발주방식은 재공(材工) 혹은 직능별(職能別) 분리발주를 하는 회사가 가장 많고 다음으로 일부분리(一部分離), 일부재공(一部材工), 일괄발주(一括發注)의 순으로 있다. 과거 주류였던 일괄발주 방식은 대부분 없어졌다. 이것은 공무점의 경영상 커다란 개혁의 물결이 밀려들고 있는 것이었다.

최근 대기업 주택메이커라고 불리고 있는 기업의 생산합리화는 「구조체의 프리컷트화, 부재의 부품화, 유닛화, CAD를 활용한 생산지원체제의 구축, 새로운 타입의 기능자 육성, 고령화된 숙련기능자의 활용」 등을 중심으로 진행하고 있다. 대기업의 기술개발과 시스템 구축 등의 생산 합리화는 협력공무점이 관여했던 일을 대부분 없게 만들었다. 또 다른 공사항목에서도 대기업은 직접 전문업자와 거래하고 있다. 결국 지금까지 전통적 혹은 관습적으로 행해졌던 목수 공무점에 의한 생산체계를 부정하고 자재에 있어서도 자재메이커와 기기(機器) 생산 메이커와 직접계약을 실행하고 있다. 따라서 협력공무점은 종전에 자재입수 방법과 구입가격 등의 발주에 관여했던 일이 없어지면서 대기업에 영향력을 행사할 수 있는 범위가 아주 좁아졌다. 그 안에서 협력공무점은 「어떤 방법으로 생존해 갈 수 있는가」, 「주택메이커의 생각을 어느 정도 소화해 가는가」가 과제로 남아있다.

라. 복합형 공무점

복합형의 공무점은 주택메이커에 속해 있는 협력공무점 수준의 매상을 확보하고 일의 안정화와 더불어 재래형 공무점으로서 스스로 고객을 확보해 가는 타입이다. 주택수요가 활발할 때는 스스로의 수주(受注)가 많은 반면 다소 후퇴했을 때에는 협력공무점 형태로 전향한다. 따라서 수주처도 한 회사만이 아니고 다수인 것이 많다. 이 복합형 공무점은 시스템적으로 여러 형태로 대응할 수 있다는 일면을 가지고 있다.

마. 전문업자

주택생산의 합리화라고 하는 관점에서 주택메이커는 일괄 발주로 하고 있다. 지금까지는 재래형 공무점 등으로부터 주로 수주(受注)하였던 전문업자도 몇 개의 형태로 전문화되어 가고 있다. 그 예로 가설공사, 기초공사, 프리컷트 공장, 요업 건재류, 기타(미장, 지붕공사) 최근 조립형 유닛욕조 등으로 전문화되고 있다. 전문업자의 수는 1990년대 중반에 50%를 넘어섰고 이후에도 점점 늘어날 것으로 예상된다. 여기에서는 재래형 욕조에 필요하였던 마감, 타일 천정, 전기, 설비배관공(가스, 수도) 등의 직업이 없어진 반면 조립형 유닛욕조의 새로운 직종이 등장했다.

바. 새로운 형태의 공무점

새로운 형태의 공무점은 프랜차이즈 시스템과 신세대 목조주택 공급시스템으로 대표된다. 새로운 자립형태의 프랜차이즈 시스템은 공무점에 대해서 어느 일정의 지역에 판매권을 부여하여 주택을 공급해 가는 시스템이다. 본부가 가맹 공무점에 대해서 영업, 설계 시스템의 노하우, 필요자료 등의 제공과 기술 지도를 제공하고 있다. 또 기술개발과 주택상품의 개발과 선전 등도 본부가 실시해 간다. 가맹 공무점은 본부에 대해 프랜차이즈 요금을 지불하는 것이 일반적인 예이다. 현재 일본 내 재래목조주택시장에 있어 프랜차이즈(이하FC) 방식이 증가하고 있다. 본부가 대량으로 매입하여 생산했던 것을 싼 가격에 품질적, 양적으로 안정했던 공급을 주택시장의 본격적인 경쟁의 시대로 접어들어 상품력과 판촉 지원력을 가진 FC 이외에는 도태될 거라고 전망하는 이들도 적지 않다. 공무점을 조직화하려고 하는 FC형성은 부품화로 인하여 건축자재의 유통경로를 변화시켰다.

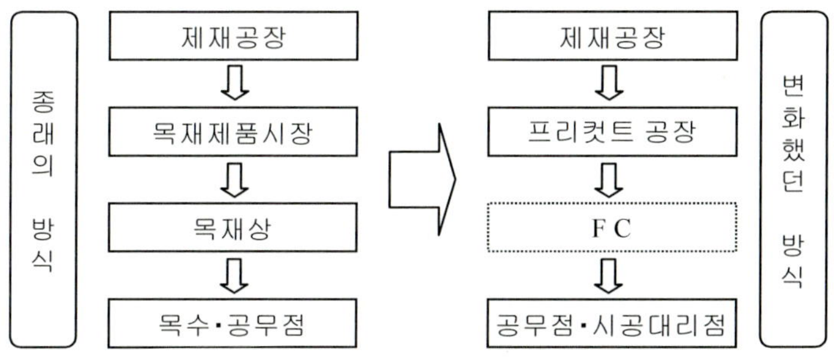

[그림 41] 프랜차이즈 구조의 유통변화

한편 신세대 목조주택 공급시스템이라고 하는 것은 목수나 공무점에 목조주택의 품질이나 성능 및 생산성의 향상을 위해 각종 정보를 지원하는 시스템이다. 목수나 공무점은 영업력, 상품기획력, 자재조달력, 기술개발 능력이나, 기밀성·차음성·통풍성이라고 하는 주택의 기본 성능의 향상이나 새로운 라이프스타일을 위한 공간구성 등에서 타 공법이나 대기업 주택메이커에 비해 늦는 것이 사실이다. 이러한 상황을 개선하기 위해서 (財)일본 주택·목재기술 센터에서는 선진적인 기업 등에 의해 개발된 목조주택과 관련된 영업에서부터 설계, 자재조달, 시공 또는 유지관리 등의 지원을 받아 목수나 공무점에 제공하고 있다. 즉 프랜차이즈 시스템과는 다른 형태의 흐름을 만들려고 하는 생각이며 주택 공급 실적이 있는 주택메이커나 자재 공급에 대해 상당한 시스템을 가진 부재 가공업자, 목재 가공업자, 건재 관계 상사 등 스스로 개발 실천해 온 주택 공급시스템의 노하우를 공개하고 그것을 목조축조구법(재래 공법)을 공급하는 지역의 목수 공무점을 활성화시키는 데 목적으로 하고 있다.63) 결국 시스템의 제공자(공급자)는 목수·공무점에 대해 공개한 시스템을 유효하게 이용시키기 위한 지도적 역할을 담당하는 입장이다. 이 시스템은 10여 년 전에 도입하였지만 현재 그리 활성화되지 않았다.

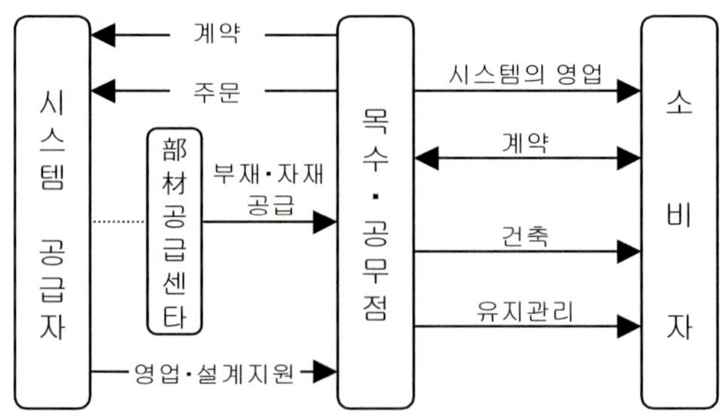

[그림 42] 신세대 목조주택 공급시스템

---

63) (財)日本住宅·木材技術センター의 인정·인증에 관한 자료참고.

5. 재래목조주택 관련, 대기업의 전략과 실태

1) 스미토모 린교(住友林業)[64]

(1) 주택회사 설립

일본에는 여러 주택회사가 있다. 그중에 재래목조주택시장에서 연간 1만여 동을 신축하는 대기업은 스미토모 린교(住友林業 이하 스미린住林이라 칭함)이다. 이 회사는 원래 임업회사로 사유림을 소유하고 있는 임업회사였다. 현재 약 4만 헥타르(일본의 국토의 약 1000분의 1)에 이르는 사유림을 소지하며 목재·건재사업으로 삼림육성과 경영, 목재·건재의 유통이나 제조, 목재 자원의 개발 등의 사업을 하고 있다. 주택 및 주택관련 사업은 30여 년 전부터 단독·집합주택 등의 건립과 판매, 집합주택의 임대관리, 목조주택 판매, 중고주택의 유통이나 리폼 등 임산업뿐만 아니라 주택산업으로 사업을 확장하였다.

(2) 1980년대 합리화로의 개혁

재래목조주택시장의 생산자 대부분은 중소규모의 공무점이 차지하고 있는데 연간 1만 동 이상을 신축하는 대기업이 존재한다는 것이 매우 흥미롭다.

---

64) 2006년 7월 4일, 住友林業의 주택본부 기술부의 나카지마 타이스케(中島泰介), 나스 히데유키(那須秀行) 氏와 총무부의 사노 미도리(佐野みどり)氏 3명과 인터뷰 했던 내용을 주로 정리하였으며 이들로부터 받은 社內자료를 참고하였다.

126

住林은 30여 년(1976년) 전 본격적으로 주택시장에 뛰어들었다. 그러나 회사의 위기는 25년 전인 1981년에 생산성이 오르지 않자 협력 공무점을 대상으로 그 원인에 대한 연구를 착수했다. 住林은 목공사의 표준화, 합리화[65]의 연구를 위해 연구소를 설립하고 그곳에서 생산성

---

65) 보충적으로 설명하자면 당시에 住林뿐만 아니라 여러 공무점에서도 합리화 방식을 도입하였다. 이것은 목조주택 세계에 한하지 않고 「합리화」라는 용어는 가볍게 사용되고 있었다. 이 합리화는 경영의 합리화, 조직의 합리화, 설비의 합리화 또는 합리화 기술, 합리화라고 여러 가지를 의미하고 있지만 일반적으로 그 용어에 대해 확실하게 정의하지 않고 있다. 합리화는 질의 향상이라는 측면에서 질과 가격의 관계에서 변화를 생각할 수 있다. 재래목조주택에서의 합리화 수법은 ①프리패브화, ②기계화, ③양산화(量産化)로 구분할 수 있다.
  ① 프리패브화(공업화, 부품화)는 종래건설현장에서 행하던 작업을 별도의 장소에서 부품과 같은 노동을 집약했던 형태로 건설현장에 운반하는 것을 말한다. 프리패브의 합리화 수법으로 작업환경을 개선하고 그 결과로서 품질의 안정과 작업의 효율성을 높이는 것이다. 프리패브화의 정도를 높이고 현장에 투입하는 부품이 대형화되는 경향이 있다. 그에 따라 건설현장으로부터 떨어져 있는 것으로 파생되는 운반과 그에 드는 시간이 요구되며, 현장에서 특수한 중장비가 필요하다는 점이다.
  ② 기계화(機械化)는 산업혁명 이후의 경제 발전의 원동력으로 노무 가격을 줄이고 질을 높이는 수법으로써 성공적인 예가 모든 산업분야에서 발견된다. 재래목조주택시장에서 사용되는 기계는 현장에 투입되는 전동공구에서부터 한 대에 수십억 원씩 하는 CAD-CAM형의 프리컷트에 이르기까지 폭이 넓다. 미국의 2×4주택에 비하면 일본의 재래목조주택에 관한 프리컷트 기계는 중장비로 고가의 기계가 발달했지만 미국에서는 현장작업의 경미한 공구류를 주로 사용하고 있는 것이 특징이다.
  ③ 양산화(量産化)는 단순히 생산규모를 확보한다는 것만을 생각하면 곤란하다. 양산(量産)은 두 가지 방식이 있다. 하나는 고도의 기계 설비 도입으로 가동률을 높이는 것과 다른 하나는 작업을 세분화하여 반복생산에 의해 작업의 효율성을 높이는 방식이 있다. 하지만 재래목조주택시장은 일품(一品) 생산을 하는 개별 산재형(散在形) 수요로 일부 예외(대규모 프리컷트 공장)를 제외하고, 양산하지 않는 쪽이 득이다. 양산이라고 하는 것은 수요가 집약된 것을 대상으로 했을 때 효과가 있다.

과 품질향상을 위해 다양한 연구를 진행하였다. 이에 사내의 협력공무점을 대상으로 목공사 표준화를 만들기 위해 목수의 작업을 분석, 프리컷트 공장의 현지조사, 패널의 실험적 도입 등을 분석하였다. 한 예로써 1동의 단독주택을 건립할 때 목수 일인의 시간대별 작업량과 각 공정별 작업효율성을 조사하고 어느 공정에서 얼마 정도의 시간을 단축시킬 수 있는지 분석하였다. 또한 프리컷트 부재를 도입했을 경우의 생산량을 비교하였다. 이로써 사내에 연간 목표량과 실제 착공 수를 비교하여 목공사의 표준화를 만들었다. 그 결과로 1986년에 자회사(子會社)로 직영공무점을 만들고 생산개혁(목공사의 표준화)을 적용시켰다. 이 외에 1983~1984년경에 내력용(耐力用) 철물을 적극 도입하고 설계정보에서 생산정보까지 CAD화시켰다.

1988년경에는 스미토모린교 기술전문학교(住友林業技術專門學校)를 사내에 설립하였다. 이 학교는 노동성으로부터 일부의 보조금과 기업특화로 회사에서 보조금을 지급받아 매년 40~50명의 교육생을 수용하였다. 이곳에서는 기본적으로 일반적인 재래목조주택의 기능공 교육을 하였으며 1년간 일반적인 것을 교육받고 나면 스미린 건설(住林建設)에 채용되었다. 이후 현장에서 4~5년간 목공사의 골조부분의 일을 경험한 후 4~5년간 내장(內裝)관련 일을 하고 나면 10여 년이 걸리

예를 들면 근년 목재의 품질, 특히 내구성의 향상을 위해 인공건조에 기둥 보, 부재와 집성재 등의 수요 집약에 의한 효율이 좋은 예이다. 인공건조창고는 고액의 설비와 공간도 필요하다. 물론 시행착오의 돈도 필요하므로 중소규모의 생산자가 쉽게 도입할 수 있는 것이 아니므로 제재업자와 프리컷트 공장은 지역의 수요를 파악하고 이용범위를 책정하고 투자하는 것이 중요하다.
(建設省住宅局木造住宅振興室, 「木造住宅産業」 彰國社, pp.115-119, 1998 인용)

는데 이때부터 기능공들은 목수로서 자립할 수 있었다고 한다. 한사람의 목수가 보통 연간 6~8동 정도밖에 지을 수 없기 때문에 연간 약 1만 호를 생산하는 스미린(住林)은 약 1천2백 명의 목수와 연계하여 공사를 하고 있다. 住林建設은 이들에게 전속계약으로 연간 6~7동 정도의 안정적인 일거리를 주기 때문에 목수들도 안심하고 住林과 계약하여 부수적인 다른 일은 하지 않는다고 한다.

이 회사는 작년 한 해 총 9807동의 단독주택을 생산하였는데 그중 주문주택이(9739동) 대다수를 차지하고 있으며 분양주택(68동)은 아주 적다.

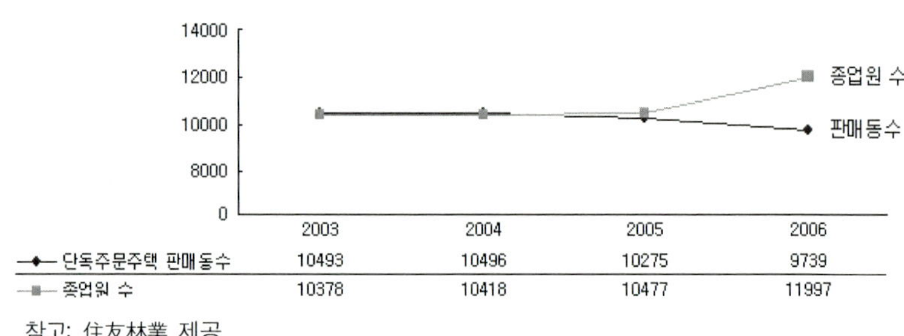

참고: 住友林業 제공

[그림 43] 住友林業의 판매실적

(3) 상품화

住林은 전국의 네트워크(지점 50개소, 영업소 56개소, 전시장 308개소)를 구축하고 있다. 가장 많이 판매하고 있는 지점은 도쿄도내(東京都內)와, 요코하마(橫浜), 사이타마(埼玉)의 수도권 대도시로 31.8%를 판매하였으며 다음으로 오사카(大阪)가 있는 긴키(近畿19.6%)지방과 나고야(名古屋)가 있는 토카이(東海14%)지방에서 많은 판매실적을 올리고 있다.

[표 4] 住友林業의 2003년도 판매실적

	판매실적		판매내역		지점 및 영업소	영업직원(名)	전시장
	동수(棟)	백분율(%)	단독(棟)	연립(戸)			
北海道	195	1.9%	195		1	27	7
東　北	400	4.0	400		7	70	17
北関東	970	9.6	970		6	117	25
首都圏	3210	31.8	3130	320	29	439	88
北　陸	590	5.8	590		9	106	24
東　海	1410	14.0	1400	40	15	194	43
近　畿	1975	19.6	1965	40	21	301	59
中　国	455	4.5	455		5	79	16
四　国	345	3.4	345		5	56	11
九　州	550	5.4	550		8	95	18
合計	10100	100.0	10000	400	106	1484	308

　최근 이렇게 많은 판매실적을 올리게 된 배경은 인원 및 전시장을 늘리고 영업팀을 재정비하였으며 IT활용으로 효율적인 업무 및 대도시권을 대상으로 신상품을 내놓았다는 게 특징이다. 대도시권, 특히 도쿄권을 중심으로 기존에 「도시부 점포겸용주택」이라고 하는 상품에 대응하여 협소한 도심부에 방화성능을 향상시킨 「도시형3층 주택」을 신상품으로 내놓았다.

　또한 최근 My Forest(마이 포리스트)라는 신상품도 내놓았다. 이 상품의 등장배경에 대해 간단히 설명하면 일본의 삼림(森林)은 1955년 이후 확대 식림기(植林期)에 심어졌던 식림목(植林木)이 현재는 벌목기(伐木期)를 맞았다. 그러나 해외로부터 수입목이 경쟁적으로 싼 값에 수입되어 일본산의 목재 이용확대를 가로막고 있는 게 현실이다. 이로 인해 벌목기가 지났지만 값비싼 인건비 등으로 채산(採算)에 맞지 않아 벌목을 하지 못하고 그대로 방치하고 있는 것이 현 일본의 상황이다. 그럼에도 불구하고 다량의 사유림을 소유하고 있는 住林은 과감히 벌목을 시작하였다. 벌목된 목재는 목조주택상품으로 시장에

내다 팔지 않으면 안 되는 상황에 처해 결국 작년(2005년) 주택사업 창업 30주년을 기념하여 「나무에서 생활한다」라는 표어로 환경 공생형(環境共生形) 「My Forest(마이 포리스트)」라는 신상품을 내놓았다.

점포겸용주택　　　　도시형 3층 주택　　　　환경공생형의 마이포리스트

資料: 住友林業 提供

[그림 44] 住林의 주택상품

이 상품은 히노키(檜)의 집성재를 주 구조재로 하였으며 간벌재(間伐材)나 직경이 작은 소경재를 유효하게 사용하고자 칸막이로 친 장막재 일명 「크로스 패널」을 도입하였다. 이로 인해 주요 구조재의 히노키(檜)와 클로스패널의 스기(杉)로 일본 국산재의 사용률이 약 50%까지 높아졌다고 한다. 이로 인해 일본산 목재사용이 활성화될 거라는 게 住林의 전망이다.

아래의 그림은 일반 재래목조주택과 住林재래목조주택의 구법을 비교한 것이다. 일반 재래목조구법은 가새와 내진강화 보강 철물을 두었으며 기초부위를 줄기초로 한 것에 반해 住林의 구법은 가새나 내진 보강 철물을 따로 두지 않고 클로스패널을 도입하였으며 기초를 전면 기초로 하였다.

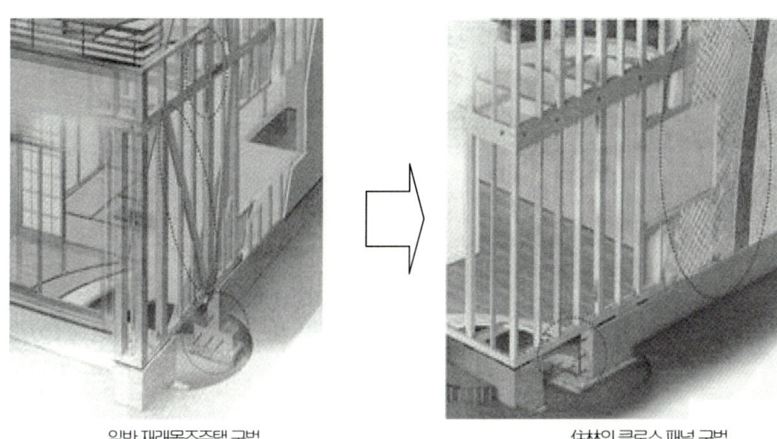

資料: 住友林業 提供

[그림 45] 일반재래목조와 住林재래목조의 구법비교

기술개발적인 측면에서는 도심부의 협소한 부지에 점포 등 3층 이상의 도시형 3층 주택이 라멘구조로 지어지고 있다. 이러한 목질라멘구조의 실용화를 위해 住林도 작년(2005년 2월)에 BF구법(Bic Frame)이라고 하는 신구법을 개발하여 교통성 대신의 인정을 취득하였다. 이 구법의 특징은 종래 1층부터 3층까지의 통주식 구조가 일반적이었지만 이 구법은 상하층 기둥의 위치를 자유자재로 배치할 수 있는 적층식 구조를 하고 있는 것이 특징이다. 또한 대단면 집성재 기둥을 사용하여 별도의 내력벽을 설치하지 않고도 태풍이나 지진 시의 수평 저항력을 갖게 하였다. 대단면 집성재 기둥과 보 등 힘이 직접 전달되는 구조체 접합부에는 BF 조인트를 개발하여 강도를 높였다. BF구법은 주택뿐만 아니라 점포나 복지시설 등의 대형 목조건축물에도 범위를 확대할 예정이라고 한다.

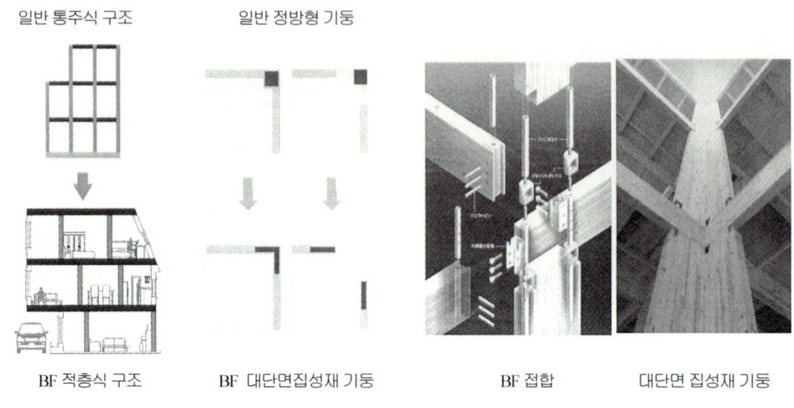

資料: 住友林業 提供

[그림 46] 住林의 BF구법

(4) 해외진출 (한국·중국 진출)

住林는 미국뿐만 아니라 최근 한국과 중국의 주택시장에 사업을 확장하고 있다. 미국의 시애틀에는 예전부터 목재·건자재 유통관련의 住林사무실이 있었다. 현재 시애틀에는 IT관련 Microsoft공장이 있고 住林은 그곳에 근무하고 있는 저소득자(근로자)의 주택을 2×4주택으로 싼값에 약 100동 정도 공급하고 있다. 또한 住林은 2004년 11월, 중국 목조주택 사업에 본격적으로 참가하기 위해 중국 목재 Truss의 제조판매 및 2×4공법의 주택 시공을 실시하고 있는 대련의 유한공사(有限公司)[영문 회사명: Paragon Wood Product(Dalian)Co., Ltd.] 및 상하이 유한회사에 각각 자본을 투자했다. 중국에서는 주택산업화 정책아래 목조주택도 주택으로 공법이 인정되어 목조주택시장의 형성을 위한 환경조건들이 계속 생겨나고 있다.

또한 住林은 한국의 목조주택시장에도 2004년 10월 처음 진출을 시도하였다. 한국의 건축자재회사인 「동화 홀딩」이라는 회사의 주식 10%를 사들이며 목재·건자재사업에 있어 전략적인 사업제휴를 결성했다. 이 제휴를 기반으로 한국에 처음 목재·건자재 개척의 발판을 마련하였으며 이를 계기로 목자재에서 목조주택으로 올해(2006년) 3월경부터 사업을 확장하고 있다.

현재 한국의 목조주택시장은 영세업자가 주도적으로 2×4주택을 건립하고 있고 목조주택에 대한 기술력이 아직은 낙후되어 있는 상황이다. 住林은 대략 3년간 한국의 2×4주택에 기술적 지원을 하고 한국내에 어느 정도 목조주택기술이 향상되면 조금씩 재래목조주택의 기술을 적용시킬 방안을 구상하고 있다. 住林은 대자본력을 바탕으로 신용과 기술력을 가지고 한국진출을 노리고 있다. 한국시장에 연간 50에서 100동 정도의 고급주택 판매를 목표로 하고 있지만 5년 후에는 120동 정도를 판매하여 37억 엔의 수익을 올릴 전략을 세우고 있다고 한다.

2) 일본 최대의 프리컷트 공장(POLUS-TEC)

신축주택시장의 위축으로 시장 확장은 한계라고 여겨졌지만 대규모의 프리컷트 공장이 생겨나 목조주택시장에 관심을 모으고 있다. 필자도 지난 7월에 현지공장을 취재차 방문하였다.[66] 비싼 지가를 피해 도쿄에서 승용차로 약 2시간 거리로 꽤 떨어진 곳에 위치한 「POLUS-TEC」이라고 하는 회사의 프리컷트 공장은 약 30여 년 전에 2만평 규모의 공장 1기가 완공되었으며 2004년 6월 공장 2기가 3만평 규모로 완공되었다.

---

66) 2006년 6월 20일, POLUS-TEC의 우에시마 마사히코(上島正彦, 프리컷트 제작부 부장), 요시이케 케이(吉池 景, 프리컷트 영업부 팀장) 氏로부터 공장안내와 인터뷰했던 내용을 정리하였다.

「POLUS-TEC」이라고 하는 회사는 약 30여 년 전 부동산 업체에서 처음 시작하였다. 고도경제성장기에 주문주택뿐만 아니라 분양사업과 리폼, 인테리어 사업 등 시공부터 가스·수도공사까지 주택관련 모든 분야에 사업을 확장하여 현재는 여러 자회사를 거느리고 있는 대기업으로 성장하였다. POLUS-TEC 프리컷트 공장은 그룹 내의 시공회사에 부품을 조달하는 것을 목표로 프리컷트 가공을 처음 시작하였다. 현재는 생산량이 증가하여 주 고객이 개발업자이며 주택메이커나 일반 공무점의 주택시공업자가 직접 구입하거나 목자재의 도매상이 이곳에서 가공 목재를 구매하고 있다. 현재 이곳에서 가공된 부재는 대략 자동차로 2시간 이내의 거리에 있는 도쿄(東京), 카나가와(神奈川), 찌바(千葉), 사이타마(埼玉), 토찌기(栃木), 이바라키(茨城), 군마(群馬)의 1도6현(一都6縣)에 공급되고 있다. 자회사로 있는 시공업체의 시공범위는 차로 1시간 이내의 도쿄 북쪽지역과 카나가와(神奈川)현으로 한정하고 있다.

관서(關西)지방의 주택착공 수는 나고야(名古屋)·오사카(大阪)를 포함하여 관동(關東)의 절반 정도이다. 일본의 신축주택은 상당히 많은 양이 수도권에 지어지고 있어서 신축주택수가 많은 관동지역에 약 6만평 규모로 매월 2000호의 주택을 신축할 수 있는 분량의 목재를 공급하는 대규모 프리컷트 공장이 완공되었다. 현재 일본 최대 규모라고 자랑하는 POLUS-TEC 프리컷트 공장〔사이타마현 코시가야시(埼玉縣越谷市) 소재〕은 관동 재래목조주택시장의 약 25%의 가공목재를 공급하고 있다.

여기서 생산되는 부재는 기둥과 보의 축조부재(軸組部材)에 한정하지 않고 무늬재나 마루합판 등의 프리컷트도 만들어지고 있다. 또한

프리컷트 공장은 접합철물도 경쟁적으로 복잡 다양하게 시중에 유통
되어 있어 이를 채용하여 가공할 수 있는 기계[67]나 설비갱신이 필요
하다.

[그림 47] POLUS-TEC

보통 숙련된 목수 한 사람이 전동공구를 사용해 가공한 부재의 양
은 시간당 1평 정도였다. 1990년대 중반 이후 공급된 CAD-CAM 전
자동 라인에서는 시간당 10평 정도를 가공했다. 현재 POLUS-TEC
프리컷트 공장의 가공능력은 시간당 30평으로 아주 뛰어나다. 또한 이
전자동 라인시스템에서 인력이 필요한 것은 목재의 투입구(投入口)와
출구, 제품의 검품(檢品)을 직접 눈으로 확인하는 정도이다. 공정은
재종(材種), 단면(斷面) 길이별로 자동적으로 배열 가공되며 효율성을
향상시키고 노동인력을 감소시키는 데 목적으로 하고 있다. 이 라인시
스템은 CAD에 의한 입력 작업이 필요하지만 현재 인건비를 낮추고자
IT를 활용하여 중국 대련에 CAD센터를 두고 그곳에서 대부분의
CAD작업을 담당하고 있다.

가공시간은 1일 20시간으로 토·일요일·축일 등 휴일이 없이 쉬지
않고 가공하고 있다. 가공이 끝난 부재는 약 6일분의 목재가 공장 뒤

---

67) 전자동 시스템의 기계는 1대당 대략 8~10억 엔(65~80억 원) 정도로
제2공장에 약 10여 대가 있다.

편의 창고에 보관되어 있다. 이 공장은 인접 공장1기와 사무실을 합쳐 6만2천 평의 규모로, 연간 대충 18,600동분(1동 40평 환산)을 가공하고 있는데, 이 수치는 재래목조주택시장의 연간 착공 수의 약 4%를 차지하고 있다.

30년 전과 비교했을 때 가장 큰 변화라고 하면 가공목재가 그린 재에서 집성재로 바뀌었으며 가공기도 정밀도가 높아지고 작업속도도 빨라졌다는 점이다. 또한 과거에 작업도중 작업자의 사고가 간혹 있었지만 지금은 사고율이 거의 0%에 가깝게 안전하다는 것이다. 현재 이 공장에서 취급하고 있는 목재는 5%가 일본산(日本産)의 스기(杉), 히노키(檜) 등이며 나머지 95%가 오스트리아, 핀란드, 스웨덴 등지에서 주로 집성재를 수입하여 사용하고 있다.

가격과 서비스 경쟁의 격화로 피크 시에는 전국에 900사 정도의 프리컷트 공장이 현재 600사 정도로 줄었다. 300사 정도가 줄어든 것은 공무점의 수동타입의 가공장(加工場)이 주로 소멸되었던 것으로 공무점에서 직접 가공하는 것보다 프리컷트 공장에서 가공목재를 구입하는 것이 더 싸고 효율도 좋다. 이리하여 목수와 공무점, 빌더의 손으로부터 조각 가공이 줄어들었고 그 전제(前提)로 되었던 상도(狀図) 작성기능도 프리컷트 공장에 맡겨졌다. 이로 인해 목수나 공무점은 목재 가공, 조각의 일이 점점 없어지고 공장에서 가공된 목자재를 현장에서 조립만 하는 일만 하게 되어 시공이 점점 단순화, 신속화되어 가고 있다.

6. 소결 – 재래목조주택시장의 변천

재래목조주택시장 변화의 중심에 있는 「신목질재료, 목재가공기술, 주택 생산자」에 대해 간단히 살펴보았다. 재래목조주택시장의 특징은 합판과 집성재의 사용량이 늘어나고 있고 프리컷트를 채용하고 있는 업체가 증가하고 있다. 또한 재래목조주택시장은 종래부터 공무점이 생산 주체였다. 그러나 최근 공무점은 주택신축시장의 위축과 격화된 신축 경쟁으로 경영방식을 프랜차이즈 방식으로 전환하고 있다. 1945년 종전 이후, 일본의 재래목조시장의 변화과정을 10년 단위로 구분하여 흐름을 간단히 정리하면 다음과 같다.

· 1945년 이후〈주택난 · 자재난, 목수 개인청부〉

주택난과 자재난으로 상당히 어려운 상황에 처해 있었다. 개인청부업자로 있던 목수가 주도로 생산하였다.

· 1950년대 〈주택건설의 자금난, 주택금융공고의 업무개시, 공무점 법인화〉

한국전쟁의 발발로 경제회복의 계기를 마련한 일본은 주택 자금난을 덜어주고자 주택금융공고가 생겨나고 이곳에서 금융대출을 받기 위한 법인단체로 공무점이 등장하였다.

· 1960년대 〈도시화와 프리패브화(공업화)와 부품화〉

1960년대는 도시화가 진행되고 주택수요 증가와 함께 주택의 공업화의 태동과 부품의 개발로 상품화가 활발해졌다. 이 시대의 대표적인

부품은 창의 알루미늄 새시. 스테인리스 설거지대의 보급, 토코노마(床の間), 반침(오시이레),[68] 계단 등으로 상품화되었고 외벽과 지붕의 건자재에 대한 부품 출하량도 급증하였다. 이러한 부품화와 상품화는 안정된 공업제품의 품질, 전국 어디에서라도 입수가능, 뛰어난 시공성 등의 이유로 급속도로 보급되었다. 부품화는 결국 주택의 공업화에 영향을 미쳐 이때부터 공업화주택이 개발되기 시작했다.

• 1970년대 〈프리컷트 공법의 보급〉

1973년 공황을 계기로 주택시장은 침체되었다. 주택시장 침체로 기존의 목수는 점점 줄어들어 인건비가 상승하고 고령화되었다. 이러한 목수의 부족과 기능 저하가 재래주택시장의 문제로 대두되면서 재래주택 생산업계에서는 주택의 질을 높이고 주택가격을 낮추고자 목수 대신 기계를 도입하는 방안을 구상하였다. 목수의 인건비를 줄이고 공기단축 등의 주택생산성 향상을 위해 1976년에 프리컷트 공법을 개발하였고 이 공법의 보급은 1980년대로 이어졌다.

---

68) 토코노마 오시이레의 상품화

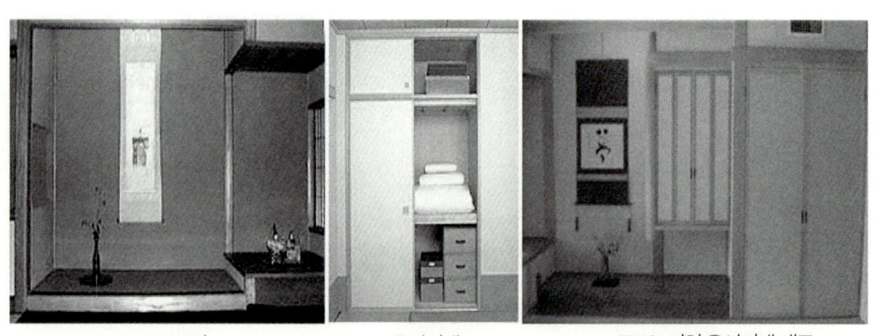

[그림 48] 토코노마와 오시이레의 상품화

- 1980년대 〈카바레 경제, 부동산 투기〉

1986년 12월부터 91년 2월까지 4년 3개월간 버블경제기로 전쟁 이후 2번째의 호황을 맞았다. 이로 인해 토지 가격이 급상승하여 공무점이나 주택건설업자들은 부동산 투기에 눈을 돌리고 은행으로부터 융자를 받은 건축주들로부터 임대주택이나 임대 빌딩을 의뢰받아 건립하는 경우가 많았다.

- 1990년대 〈목수부족, 고베 지진 이후 목조주택 불신〉

1980년대 후반부터의 버블경제로 계속 상승하였던 토지, 주식, 골프 회원권은 1990년대에 들어 모두 폭락했다. 이때부터 「물건보다는 돈」이 가치가 있는 시대로 180도 바뀌었다. 버블경제기에는 주택회사의 공사 수주량이 많아 자재와 일손이 턱없이 부족하여 자재 값과 임금이 급상승했었으나 버블경제 이후 90년대에는 일손이 남아돌고 자재 가격 하락에도 불구하고 주택착공 수의 감소로 주택회사들의 일거리가 줄었다. 버블경제기에 차입해 구입했던 토지는 가격이 내리기 시작했다. 주택건설업자는 자산이 자꾸 줄어드는데 차입금의 부채는 계속 늘어나 경영에 압박을 가하기 시작했다. 그들은 소유하고 있던 토지를 과감히 처분하고 자산을 줄여 빚을 갚는 데 노력했으며 적자 경영이 계속 되면서 경영개혁을 단행했다.

1995년에 발생한 한신 고베 대지진 직후, 재래목조주택의 붕괴로 인명 피해가 많았다는 것을 미디어를 통해 「지진에 약했던 목조주택, 강한 프리패브·투바이포 주택」으로 보도되었다. 또한 일부 프리패브나 2×4주택메이커회사는 미디어, 광고전단, 책의 출판을 통해 주택메이커의 PR과 아울러 목수의 직감에 의지하여 건립되고 있는 재래목조주택의 시공을 비난했다. 이로 인해 재래목조주택의 불신이 확대되었으며 재래목조주택 대부분을 건립하고 있는 공무점의 수주에도 큰 타격을 입혔다.

・2000년대 〈Web IT활용, 정보화・OA화〉

대기업과 중소 공무점은 PC을 이용한 생산 프로세스와 관리 시스템을 적극 도입하였다. 주택업계는 정보화・OA화를 추진하여 업무 개혁과 경영 기반을 구축하고자 하였다. 시스템은 업무 전반에 걸치는 고객관리, 물건 정보관리, 문서관리, 견적관리, 공정관리, 노무관리, 재무관리, 자재관리 등의 데이터의 일원 관리와 제휴, 한층 더 주택 성능표시 지원 등의 기능도 부가하고 있다. 또한 대기업은 IT를 이용하여 생산시스템을 국제화시키고 있다.

일본의 재래목조주택시장은 아직도 지역의 공무점에 의해 차별화를 전개하고 있는 반면 대기업은 전국을 대상으로 자본력과 신용을 바탕으로 고객과의 신뢰를 쌓아가고 있다. 일본 재래목조주택시장은 아주 복잡 다양한 구도로 형성되어 있다.

◑ 참고문헌

1945부터 - 2003년까지의 建築統計年報

矢野経濟硏究所, 「住宅トレンドの徹底分析」, 2001. 3

坂本 功 監修, 「日本の木造住宅の100年」, 日本木造住宅産業協會, 2001

小倉 武夫, 「合板産業史」日本建築學會建築経濟委員會建材産業史小委員會:
　　　　建材産業史 4, 1994

內田賞懸賞事績集, 「日本の建築を変えた八つの構法」, 2002

松村秀一, 「プレカットと木造住宅設計者」, 建築知識, 1996.1

住宅金融公庫, 「住宅金融公庫五十年史」, 2000

藤澤 好一, 「工務店の戰後史」, 住宅保証だより, 2005.8

建設省住宅局木造住宅振興室, 「木造住宅産業 －その未來戰略」, 彰國社, 1997

東京大學大學院 構法系硏究室, 「木造軸組住宅生産者アンケート」, 1999

제 4 장
일본 프리패브 주택

144

1. 머리말 – 「프리패브 주택」과 「공업화주택」 어원의 차이

현재 한국의 목조주택 보급량은 최근 웰빙이나 전원주택의 붐으로 조금씩 증가하고 있긴 하지만 전체 신축주택의 1% 정도이다. 반면 일본은 전체 신축주택의 절반가량이 목조주택으로 지어지고 있다. 그 약 1% 중에는 90% 정도 북미의 경량목조주택(일명 2×4 또는 투바이포 주택)과 일부 10% 정도 유럽풍의 로그하우스와 기타 구법으로 지어지고 있다.[69] 필자는 일본으로 유학 오기 전에 「한국적 목조주택이 무엇인가」라는 것에 대해 생각하며 수입주택이 아닌 자국의 구법을 현대화시킨 「일본 목조주택의 공업화」 진행과정과 방법 등에 관심을 가졌다. 당시 목조주택에 관한 전반적인 지식이 없었던 때라 막연하게 「한국의 목조주택의 현대화」라고 하는 추상적인 단어만을 나열하며 겉돌았을 뿐, 예를 들면 모듈화·부품화·생산의 조직화·상품화 등과 같은 것에 구체적으로 파고들지 못하였다.

개괄적인 일본의 프리패브 주택을 소개하는 정도로 하여 아래와 같이 간단히 기술하고자 한다.

- 일본 프리패브 주택의 역사　(2장 일본 프래패브 주택의 보급과정)
- 프리패브 주택의 종류　　　(3장 프리패브 주택의 구법 분류)

---

69) 한국 통계청에서는 건축 재료에 의한 집계를 하고 있지 않아 정확한 수치를 알아 낼 수 없다. 이 수치는 그동안 인터뷰 등의 조사와 일부 자료를 통해 알아낸 잠정집계이다.

- 프리패브 주택의 생산과 기술 (4장 프리패브 주택의 생산과 기술)
- 프리패브 주택 부품화의 현황 (5장 부품화를 생각하며)

2~4장은 문헌위주로 글을 전개하였으며 5장은 일본 프리패브 주택 부품화에 대해 그동안 느낀 것을 논지 없이 서술하였다.

본론에 들어가기에 앞서 「프리패브 주택」과 「공업화주택」의 어원의 차이에 대해 논하고자 한다. 이 두 단어는 의미가 거의 비슷하여 차이를 밝힌다는 게 참으로 어렵다.

프리패브라는 단어는 Pre(미리) fabrication(제작)이라는 뜻의 외래어에서 도입된 것으로 현장에서 가공(加工)·성형(成形)했던 건축 또는 그 일부분을 현장 이전의 장소(주로 공장)에서 부품을 제작하고 현장에서는 그 조립, 접합하는 과정을 말한다. 이러한 정의에 의해 프리패브 주택은 재해지(災害地)에 지어지는 응급간이(應急簡易) 주택이나 공사현장에 일시적으로 짓는 가설주택(假設住宅)도 모두 프리패브 주택에 포함된다.

반면 공업화주택이라는 용어는 「공업화」+「주택」의 두 단어가 합쳐진 복합명사로 공업화된 주택을 위미한다. 공업화라는 말은 물건을 만드는 프로세스(과정)의 뜻으로, 다시 말하면 물건을 제작해 가는 과정으로 「기술」이라는 뜻이 내포되어 있다. 이러한 의미로 공업화주택은 「집을 짓는 방법이 공업화된 주택」이라고 표현해도 무리가 없을 듯하다. 실제 공업화주택이라는 단어가 정식적으로 처음 사용된 것은 일본 건설성이 1973년 공업화주택성능인정제도를 만들 당시에 명시한 용어로, 「공업화주택은 기본적으로 공장에서 생산한 부품을 사용하고 있기 때문에 양산성이 있다」라고 하는 조건이 붙는다. 공업화주택은 프리패브주택 중에 공업화주택성능인정 제도에 인정받은 주택에 한하여 공업화주택이라고 불리고 있어서 프리패브 주택보다는 좁은 의미로 이해된다.[70]

프리패브와 공업화는 그리 확연하게 뜻이 구분되어 있지 않아 보통 두루뭉술하게 같이 불리고 있다. 본서에서는 일본에서 일반적으로 불리고 있는 프리패브 주택이라는 용어를 사용하겠다.

2. 일본 프리패브 주택의 보급과정

일본에서는 메이지(1868~1911년) 이후에 서양 문물을 흡수하기 시작하여 서양의 산업혁명을 체험한다. 일본의 메이지시대는 수작업에 의한 소량생산으로부터 근대적 공장설립에 의해 대량생산 체제로 전환된다. 이러한 흐름은 철강업을 중심으로 중화학공업 분야에서 두드러지게 나타난다. 일본의 중화학공업의 발전은 군사물자의 수요 확대가 원인으로 작용하여 1940년경에 조선 산업의 매출 규모가 세계 3위에 달하였다.[71] 2차 세계대전 패전으로 황폐화된 일본은 심각한 주택부족으로 1945년 9월 「나재도시 응급간이주택 30만 호 건설계획(羅災都市応急簡易住宅30万戶建設計畵)」을 발표하고 바로 계획을 실행하였다. 당시 건설되었던 응급간이 주택은 주택영단(住宅營団)의 조립주택에 가까운 것으로 군수공장의 목공기계에 의해 가공된 프리컷트 목재와

---

70) 2006년 12월 25일 松村秀一교수와 인터뷰 내용 중.
71) 일본 역사교과서 참고.

패널을 현장에서 조립하는 방식이었다. 그러나 이 계획은 기술적으로 미숙한 조립주택을 강행시켰다는 점과 전후의 특수한 상황에서 자재운송의 혼란과 부품의 도난 등으로 1/3인 10만 호만이 건설되고 중단되었다. 1946년 10월에는 이러한 경험을 교훈으로 고품질 주택양산(量産)을 목표로 「공장생산주택협회(工場生産住宅協會)」가 발족되었다. 이 협회의 구성원은 원래 선박이나 비행기 등 주택과는 다른 것을 생산했던 기업들이었다. 이 기업들이 생산했던 주택은 대부분 목재를 공장에서 프리컷트 했던 부재로 「축조식 軸組式(기둥 보 방식)」, 공장생산되었던 패널만으로 주택을 구성하는 「패널식」, 프리컷트재로 결구하고 패널을 붙이는 축조패널 「병용식(倂用式)」의 3종류로 구분되었다.[72]

일본 기간산업(基幹産業)으로 경제성장을 유지해 왔던 철강업은 2차 세계대전의 패전 이후 공장생산주택에 이용되었지만 공급처를 찾지 못하고 많은 철강기업들이 도산해 갔다. 하지만 1950년 발생한 한국전쟁은 중화학공업 관련 공장을 가동시키며 일본경제를 회복시켰다. 군수(軍需)를 중심으로 성장했던 생산력은 한국전쟁 이후 또 다른 산업에 이용되지 않으면 안 되는 문제를 안고 있었기에 각 기업은 군수에서 주택공급과 건축업으로 방향을 전환하고 공업화주택에 손을 대기 시작했다. 1950년대 일본의 주택은 목수가 현장에서 수작업으로 가공 조립하는 재래식 방식이었는데 각 기업은 공장에서의 대량생산기술을 이용하여 주택을 공급할 수 있게끔 막대한 자본을 투자하였다.

현재 일본에 공급되고 있는 프리패브 주택은 1960년경부터 개발되어 판매되기 시작했다. 1963년에 건설성(建設省)은 「국토개발기본구상」을 골자로 1만 호 프리패브 주택을 건설한다고 하는 방침을 발표

---

72) 松村秀一, 「工業化住宅·考」, 學芸出版社. p.44, 1995.6.

하면서 대량주택건설이 본격적으로 시작되었다. 이후 1973년까지 10여 년간 급속도로 프리패브 주택이 건설되었는데 그 배경으로는 다음과 같다.[73]

- 일본의 고도경제성장으로 도시로의 인구 유입이 가속화되면서 거주하는 지역의 목수 등과 연결을 갖지 못한 도시 부유층이 다수 생겨난 것
- 당시 지연과 혈연을 통해 대부분 지어졌던 재래목조주택에 대해 프리패브 주택의 영업방식이 매스 미디어를 이용한 근대적인 수단이 활용되면서 도시 부유층에 어필된 것
- 1960년경부터 건축생산의 근대화와 공업화가 일본의 중점 시책으로 되어 있었던 것
- 1963년 기업들이 프리패브건축협회를 조직하고 PR활동, 품질향상 등 공동의 노력을 행했던 점

이러한 배경으로 프리패브 주택이 새롭게 일본 주택시장에 정착될 수 있었다. 그렇다면 1960년대경부터 본격적으로 공급되었던 프리패브 주택은 현재까지 얼마만큼 공급되어 왔는지 공급변화 과정을 살펴보자.

아래의 그래프는 각 년도에 신축되었던 프리패브 주택의 총 호수를 목조 단독주택과 목조 공동주택, 비목조 단독주택과 비목조 공동주택의 4종류에 대해 비교형태로 작성하였다. 이 그래프에 의하면 주택시장에 존재하지 않았던 프리패브주택이 1963년 「국토개발기본구상」이후 일본의 주택시장에서 확고한 위치를 차지하게 되었던 것을 알 수 있다. 이후 계속되는 증가는 1973년 오일쇼크를 계기로 하강하였으나

---

73) プレハブ建築協會, 「プレハブ住宅コーディネーター教育テキスト」, p.296, 1995.6.

1980년대 후반 버블경제기에 급상승하였다. 1990년대 후반 일본 경기
의 침체로 2003년까지 착공 수는 조금씩 감소하였다. 프리패브 주택
점유율은 2004년 기준으로 주택 전체 착공 수(1,193,038호) 중 208,908
호로 일본 주택공급량의 13%를 차지하였다.[74]

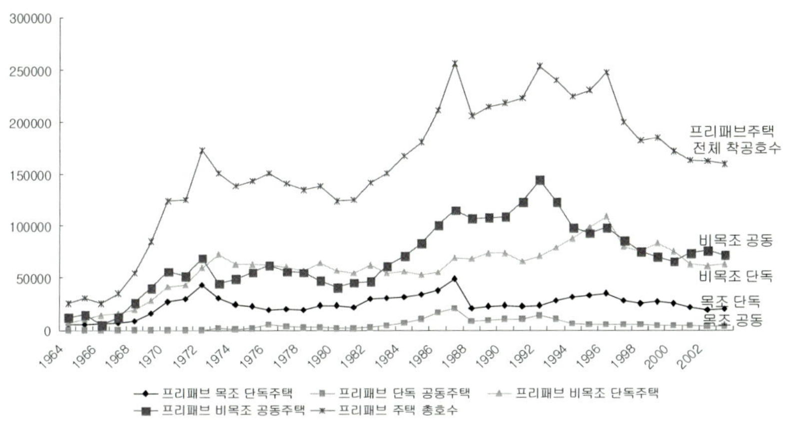

(1964년부터-2003년까지의 建築統計年報를 참고로 작성)

[그림 49] 프리패브 주택 연간 착공호수

프리패브주택은 철골계, 목조계, 철근콘크리트계의 구조별로 공급되
고 있는데 각 구조별로 비교 구분하면 아래 그래프와 같다. 프리패브
주택의 구조별 공급량은 2004년 기준으로 철골계(84%), 목조계(13%),
철근콘크리트계(3%) 순으로 철골계가 압도적으로 가장 많다.

---

74) 수치는 總務省의 統計局의 2004년 통계자료에서 인용하였다.

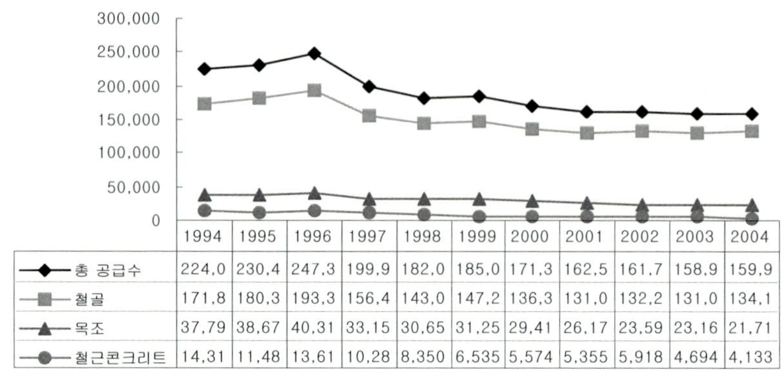

	1994	1995	1996	1997	1998	1999	2000	2001	2002	2003	2004
총 공급수	224.0	230.4	247.3	199.9	182.0	185.0	171.3	162.5	161.7	158.9	159.9
철골	171.8	180.3	193.3	156.4	143.0	147.2	136.3	131.0	132.2	131.0	134.1
목조	37.79	38.67	40.31	33.15	30.65	31.25	29.41	26.17	23.59	23.16	21.71
철근콘크리트	14.31	11.48	13.61	10.28	8.350	6.535	5.574	5.355	5.918	4.694	4.133

[그림 50] 최근 10년간의 프리패브 주택 공급변화

이러한 성장과정을 참고로 하여 이 장에서는 프리패브 단독주택에 한하여 10년 단위로 시기를 구분하여 프리패브 주택의 보급과정을 정리하고자 한다.[75]

1) 1960년대

(1) 1960년대 전반

중화학공업의 중심에 있었던 철강업계에서는 1955년 「일본경량철골 건축협회」를 설립하고 경량형강을 사용하여 공영주택, 개인주택과 학

---

75) 2장은 아래의 문헌을 주로 참고하여 작성하였으며 松村 秀一 교수와 인터뷰를 통해 알게 된 내용을 추가 삽입해 두었다.
① 松村 秀一, 「工業化住宅・考」學芸出版社, 1987.4.
② プレハブ建築協會, 「プレハブ住宅コーディネーター教育テキスト」, 1995.6.
③ プレハブ建築協會, 「プレハブ建築協會40年史」, 2003.1.

교 등의 건립을 통해 설계와 시공기술에 관한 연구와 PR활동을 강화했다. 1960년대에 들어 다이와(大和)하우스 공업과 일본강관(日本鋼管), 야와타(八幡) 에콘스틸(現, 日鐵建材工業株式會社) 등의 기업은 경량형강을 주 구조체로 하여 프리패브 주택을 판매하기 시작했다. 이 시기에 철강업 외에도 히타찌 제작소(日立製作所)와 마쯔모토 전공(松本電工)의 전기산업, 기계산업, 또한 세키스이 화학공업(積水化學工場)과 같은 화학산업 등 여러 분야의 기업이 프리패브 주택을 판매하기 시작했다. 종래 중화학공업의 기업이 주택생산에 적극적으로 참가해 새로운 시대를 맞이하였다.

1960년 전후에 발매되었던 프리패브 주택은 단순한 직방체 박스형태와 완만한 지붕물매에 금속판으로 마감한 삼각 지붕형태가 당시의 프리패브 주택 형태였다. 프리패브 주택은 외관적으로도 보면 바로 알 수 있을 정도의 단조로운 형태였다. 또한 당시에 일반화되지 않았던 알루미늄 새시가 프리패브 주택의 개구부에 사용되었다는 점도 특징이었다.

참고: 「プレハブ建築協會40年史」

[그림 51] 左: 大和미제토하우스(1959년), 右:積水하우스A형(1960년)

1960년대에 오늘날의 프리패브 주택이 탄생하였는데 그 배경은 1950년대에 주택문제와 도시 불연화 요구 등의 시대적 상황이 있었다. 당시 목수의 부족으로 건축비가 급등하였고 목재부족으로 목재가격이 상승하여 목재 대신 새로운 건축 재료가 개발·보급되었다. 또 화재에 피해가 많았던 도시는 불연 재료(不燃材料)의 주택을 요구하였다.[76] 1950년대 전반 도시의 불연화는 목재를 대신하여 불연 재료의 연구개발을 활발하게 진행시키는 원동력이 되었다. 결국 블록조 주택과 간이(簡易) 콘크리트조 주택이 건립되었다. 불연 재료화(不燃材料化)로 기초, 기둥, 바닥, 외벽 등에 PC(Precast Concrete)부품이 사용되었는데 각 부품은 철물 조인트로 연결 조립하여 사용되었다. 이 방식은 현재 일반적으로 볼 수 있는 PC벽 방식이 아니고 목조주택과 같은 기둥보 구조방식으로 있었기 때문에 시공에 어려운 점이 있었다. 그래서 이런 난점을 해결하기 위해 개량했던 것이 토요라이트 하우스A형(1958년)이다. 이 주택의 벽판을 얇은 PC판으로 교체하여 보다 경량화시킨 것이 1960년의 토요라이트 하우스 B형이다. 1962년 일본 정부는 불연 재료에 의한 주택의 대량공급을 위해 이 B형을 개량시킨 양산공영주택(量産公營住宅)을 개발하여 보급시켰다. 당시 이 구법은 공영주택뿐만 아니라 일반 단독주택에도 널리 적용되었다.

---

76) 일본 목조주택시장 2회 연재에서 목조금지 움직임을 설명해 둔 바 있다. 안국진, 「일본 목조주택시장Ⅱ, 일본 목조주택시장의 변화과정과 현황」, 건축역사연구 p.219, 2006.6.

참고 松村秀一, 「工業化住宅·考」 p.51

[그림 52] 토요라이트 하우스와 양산공영주택

- 1963년 프리패브 건축협회의 결성-

양산공영주택(量産公營住宅) 개발을 추진했던 단체는 건설성이 목조 공영주택 폐지의 일환으로 관련 기업 및 단체를 불러들여 1962년 결성했던 「양산공공주택추진협의회(量産公共住宅推進協議會)」라는 곳이다. 같은 시기, 경량 철골계 주택의 프리패브 주택 기업은 건설성 주도 아래에 「프리패브 건축간담회」를 결성했다. 1962년에 건설성은 건축생산의 근대화를 강력하게 추진한다는 방침으로 「건축생산근대화촉진협의회」를 설치한다. 협의회를 통해 업계는 한층 강고한 협력체계로 발전하였다. 이후 「양산공공주택 추진협의회」와 「건축생산근대화추진협의회」의 두 단체는 합병하여 1963년 오늘날의 「프리패브 건축협회」를 설립하였다. 1964년에는 목질계, 철골계, 콘크리트계의 모든 프리패브 주택에 대해 「공장생산주택 승인제도」가 제정되고 (財)일본건축센터가 심사업무를 담당하였다.

(2) 1960년대 후반

1960년대 후반부터는 기존 프리패브 주택이 단순하며 가설적인 규격상품의 이미지로부터 벗어나 다양화와 고급화에 중점을 두고 도시

154

뿐만 아니라 지방으로까지 공급범위를 넓혀간 시기이다. 지방으로의 프리패브 주택 공급은 「개성 있는 주택」, 「부지에 대응한 자유설계」 등의 상품으로 지방의 생산 및 판매체제를 적극 도입하여 프리패브 주택 공급범위를 넓혀갔다. 지방으로의 주택전개는 현장 시공의 의존도 증대와 상품종류의 증대에 의해 가능하였다.

이 시기 다양화 고급화로 인해 주택의 특징적인 변화를 몇 가지 들 수 있는데 그 주된 변화는 다음과 같다.

① 1층 부분을 중심으로 규모 확대와 2층 부분의 상대적 축소화

② 「주동」에 「접속동」을 부가하여 1층 외형에의 다양한 형태가 부여

③ 2층의 셋백(Set back) 범위 확대에 따른 플랜 및 스타일 면에서 자유도 확대

1960년대 전반에 많은 프리패브 주택들은 외관이 단순한 장방형이었지만 1960년대 후반과 1970년대에 들어 부지형상에 맞게 플랜도 자유롭게 설계가 가능하였다. 주택은 중심적인 공간이 있는 「주동」에 대해 부수적 공간의 「접속동」이 추가로 붙는 형태로 외관적으로 형태가 다양화되었다.

참고: 左·中:「プレハブ建築協會４０年史」, 右:「プレハブ住宅コーディネーター敎育テキスト」

[그림 53] 1970년대의 주택변화

2층 주택은 1960년경부터 판매되기 시작했지만 1층도리 방향에 맞춰야만 셋백이 가능한 공간적 제약이 있었다. 하지만 1960년대 후반에는 부분적으로 구법이 개량되어 2층의 셋백할 수 있는 방향이나 범위가 다양화되었다. 이 외에도 주택은 고급타입, 한랭지 타입, 도시타입, 저가타입 등 소비자 취향에 맞게 여러 주택상품을 개발하였다. 지붕형태, 구법, 치수, 플랜, 외형의 다양화와 고급화는 부품의 종류를 증대시켜 결과적으로 공장생산효율성이 저하하고 현장 시공의 의존도를 증가시켰다.

1964년 도쿄올림픽과 더불어 고도경제성장 중이던 일본은 도시로 인구가 계속 증가해 도시의 주택부족 문제는 좀처럼 해결되지 않았다. 이로 인해 정부는 1966년 제1기 주택건설5개년계획을 발표하여 1970년까지 5년간 670만 호의 주택을 건설해 1세대 1주택 실현한다고 하는 목표를 제시하였다. 그 구체적인 수단으로는 공업화에 의한 주택의 양산(量産)에 중점을 두고 여러 가지 구체적인 추진 책을 강구하였다. 이처럼 주택이 양산화되면서 「주택산업」이라는 단어를 사용하기 시작한 것도 이 시기부터이다. 많은 기업들이 주택시장에 뛰어들어 주택산업은 경제성장의 새로운 주역이 되었다.

2) 1970년대

(1) 1970년대 전반

가. 주택상품의 변화

「제1기 주택건설5개년계획」의 최종연도인 1970년에는 중·고층 집합주택을 포함한 프리패브 주택의 전 주택건설호수의 7.6%에까지 성장하였다. 1971년 건설성 「제2기 주택건설5개년계획」은 950만 호 주택 건설 계획으로 제1기의 계획보다 보다 강력한 공업화 추진 책이 요구되었다.

그 일환으로 행해진 것이 1970년 「파이롯하우스 기술고안경기(技術考案競技)」였다. 이 경기는 정부가 프리패브 주택 공급량을 예상 수치만큼 끌어올리기 위해 만든 프로젝트로 국가가 직접 추진했던 일종의 대규모 이벤트였다. 이 경기는 프리패브 주택을 하드·소프트 양면으로부터 재검토해 가려는 것으로 보다 고도의 공업화를 진행시키고 새로운 구법 개발을 추진하기 위한 것이었다. 이 경기에는 당시 프리패브 주택을 생산 공급하고 있던 기업은 물론 새롭게 주택 건설시장에 참가하려고 하는 많은 기업들이 참가하여 여러 가지 다양한 개발을 제안했다. 개발 안에는 이후 실제로 생산 공급되어 많은 실적을 올린 것도 있었다. 단독주택 부분에서의 입선작은 7개였는데 그중에 프리패브 주택의 구법에 채용되었던 작품도 상당수 있었다. 「파이롯하우스 기술고안경기」는 공장생산, 현장시공 면에서 품질관리를 중심으로 기술혁신이나 기술면에서 상당부분 개량·개발시킨 것으로 나타났다. 단독부분 입선작 7건에서 볼 수 있는 구법상의 특징은 다음과 같다.

① 설비 관계를 중심으로 한 공간의 유닛화
② 내장을 중심으로 한 부품화

전자의 유닛화에 대해서는 모든 입선 안에서 공통적으로 볼 수 있다. 타케나카(竹中) 공무점 ICS-PH은 구체와 코어를 한 개의 유닛으로 하여 현관, 부엌, 욕실, 유틸리티의 4종의 콘크리트계 박스 유닛을 제안하였다. 쿠보타(久保田) 철공[77] SPH형은 거실, 설비 2종의 경량형강

프레임 박스 유닛을 사용하였다. 미사와홈 코어350은 부엌, 욕실의 2종의 목질계 박스 유닛을 사용했다.

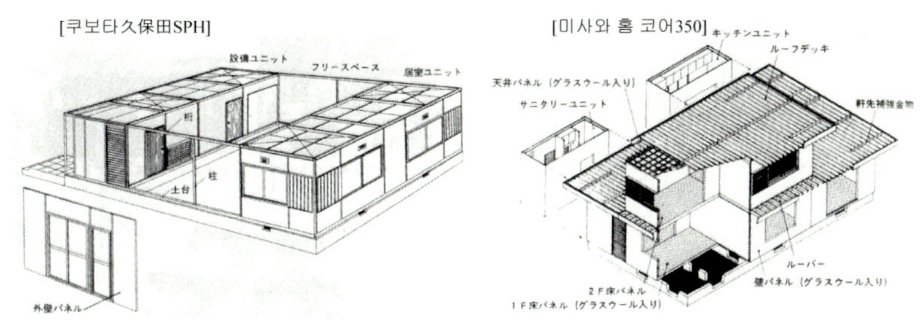

「プレハブ住宅コーディネーター教育テキスト」, p.304

[그림 54] 파이롯하우즈 기술고안경기 입선 안 – 공간의 유닛화

후자의 부품화에 있어서도 전자의 유닛화와 마찬가지로 공장생산화를 높이기 위해 품질·성능 향상과 공기단축을 도모했던 것으로 각 모든 기업이 천정, 바닥, 계단 등의 부품화를 시도했다. 동시에 패널 내의 배선이나 외부 배선 등에도 궁리했던 것을 볼 수 있다. 또 그 밖에 각 기업은 지붕 패널화(大和하우스 DAIOS70), 기초 PC화(내쇼날 주택건재 파이롯하우스, 永大産業파이롯하우스) 배관의 유닛화(각 기업), 대형 팬 코일 유닛의 사용(永大産業 파이롯하우스) 등 적극적으로 다양한 제안(提案)을 했다.

---

77) 「久保田하우스」는 현재 「三洋홈즈」로 회사명이 변경되었다.

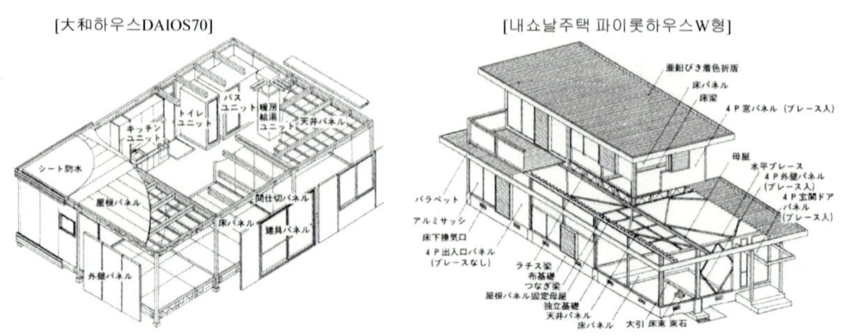

「プレハブ住宅コーディネーター教育テキスト」, p.303

[그림 55] 파이롯하우스 기술고안경기 입선 안 – 부품화

1970년대 프리패브·공업화주택은 대형패널 구법과 유닛구법이 개발되어 생산·판매된다. 종래의 중소형 패널구법이 3자(尺)정도 폭의 패널이 주요 구성부품이었던 것에 대해 대형패널은 6~12자(尺) 정도 폭의 패널을 주요 구성부품으로 하는 구법이다. 기업들은 패널구법을 적극 활용하여 공장생산율을 높인다는 게 주된 목적이다. 대형패널은 공장생산 단계에서 알루미늄 새시를 달거나 패널 내에 배선·배관을 삽입시키는 등 부품으로서 패널의 부가가치를 높였다고 하는 구법상의 특징이 있다.

대형패널의 대표적인 것으로는 목질계의 미사와 홈 코어(1969년), 철골계의 내쇼날주택[78] 파이롯하우스W형(1970년), 콘크리트계의 大成建設파르콘(1970년)을 들 수 있다.

---

78) 「내쇼날 하우스」는 현재 「파나 홈」으로 회사명이 변경되었다.

松村秀一, 「工業化住宅・考」, p.70, 71

[그림 56] 대형패널구법

유닛구법은 주택 전체를 박스 유닛으로 구성하여 공장생산율을 극도로 높인 구법으로 등장했다. 최초 세키스이(積水)하임M1은 경량형 강을 이용한 라멘 구조로 공장에서 내·외장, 설비, 지붕공사 등 공정의 90%를 시공하는 극도로 프리패브화된 상품이었다. 유닛 주택은 당시 철골계, 목조계, 철근콘크리트계에 연달아 등장했지만 현재까지 남아 있는 것은 아주 적다.

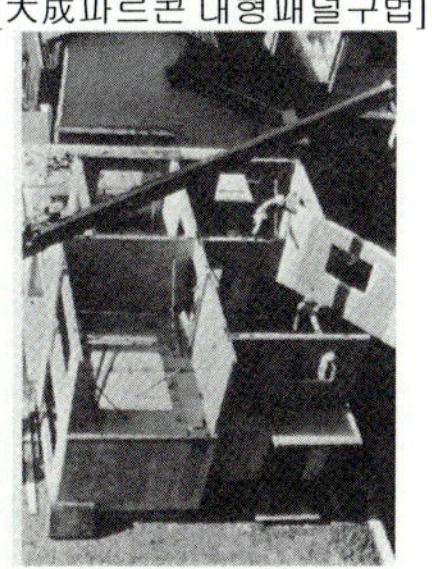

松村秀一, 「工業化住宅・考」

[그림 57] 積水하임의 유닛구법과 大成의 대형패널구법

1973년의 제1차 오일쇼크는 주택업계 전반에 큰 타격을 주며 주택업계는 1974년을 경계로 저성장으로 돌아선다. 전체의 주택 착공 수가

급격히 감소하면서 주택판매 경쟁은 격화된다. 1970년대 후반에는 각 기업이 「기획 상품」이라고 하는 주택상품을 내놓으며 타 회사 상품과의 차별성이나 독자성을 부각시키며 경쟁을 부추긴다.

상품의 독자성에 대해서는 주로 성능품질 면과 외관·내장 면에서 두드러지게 나타나는데 성능 품질 면에서는 설비를 중심으로 새로운 부품의 도입이나 개발을 들 수 있으며 외관·내장 면에서는 지붕형태의 다양화나 창문 부품의 종류 증가를 들 수 있다. 1973년까지 프리패브 주택이 「규격형」이라고 불러졌던 것에 대해 저성장 시대에 들어서 「기획형」이라는 방식이 급속히 보급되었다.

나. 품질향상을 위한 제도

프리패브주택은 양산(量産)으로 보급되면서 결함 등의 문제로 소비자의 불안을 해소하기 위해 품질향상·품질관리 면에서 재검토가 요구되었다. 프리패브 주택은 품질상의 문제가 표면화되면서 몇 가지 원인을 분석했는데 가장 큰 원인으로 시공을 포함한 생산에 종사하는 「인재교육의 불철저」와 「품질관리를 위한 체제의 미정비」로 밝혀졌다.

이를 해결하기 위해 정책적으로 대안을 제시하였는데 1972년 건설성은 「공업생산주택 등 품질관리 우량공장인정제도(品質管理 優良工場認定制度)」, 건축센터와 프리패브건축협회에서는 「프리패브건축기술교육제도(建築技術敎育制度)」, 1973년에 건설성은 「공업화주택성능인정제도」 등을 만들고 프리패브 주택의 품질향상을 도모하였다. 그중에서 「공업화주택성능인정제도(工業化住宅性能認定制度)」는 주택생산의 공업화를 촉진하고 양질(良質)의 안정된 가격의 주택을 대량으로 공급하는 것으로 국민의 주생활의 안정을 위해 주택성능을 인정·공표하여

주택구입자의 이익 증진을 목적으로 하였다. 이때 「공업화주택」이라고 하는 단어가 처음 사용되었다.[79]

이 제도는 형식적으로 건축기준법 38조에 의해 인정되는 시스템과는 달리 성능인정과 설계요강을 인정(시스템 인정)하는 것으로 프리패브주택의 보다 높은 품질향상에 결정적 요인으로 작용하였다.

(2) 1970년대 후반

1973년 오일쇼크의 영향으로 「제2기 주택건설5개년계획」은 수정하지 않을 수 없었다. 이러한 상황하에서 1976년에는 「제3기 주택건설5개년계획」이 책정되는 것과 동시에 「신주택공급시스템 개발 프로젝트(하우스 55계획)」가 행해졌다.

「하우스 55계획」은 1980년에 500만 엔대의 주택을 공급한다고 하는 「양질로 저렴한 가격의 주택」을 궁극 목표로 하여 제1단계로 제안 경기가 1976년에 행해졌다. 제안 경기의 주요한 테마는 「컴퓨터 설계 시스템을 도입한 생산시스템」, 「우수한 내구성을 가진 주요 부재의 개발」 등을 들 수 있다.

3) 1980년대

1980년대에는 「기획 상품」방식이 일반화되면서 프리패브 주택이 「상품」으로서 개발이 격화되었다. 각 모든 회사는 각기 다른 고객층을 대상으로 여러 가지 스타일의 상품을 계열화하여 개발을 서둘렀다. 신상품이 발표되는 시기도 해마다 짧아졌다. 상품개발 단계는 대략

---

79) 2006년 12월 25일 松村秀一교수(현. 동경대학)와의 인터뷰 내용 중.

1~3단계(3단계)로 구분되는데 단계별로 특징을 구분하여 보면 다음과 같다.

- 1단계: 구법시스템의 개발을 포함한 대규모 상품개발을 말하며 대략 5년 이상의 개발 기간을 필요로 한다.
- 2단계: 일반적인 모델변화를 주는 시기로 구법은 변경하지 않고 상품 외관 이미지를 바꾸는 정도로 상품개발 기간은 약 1~2년의 개발 기간을 필요로 한다. 일반적으로 「상품개발」이라고 불리는 경우 대부분 이 단계를 말한다.
- 3단계: 일반적으로 마이너 체인지라로 불리지만 구법시스템은 물론 상품의 기본 개념이 크게 바뀌지 않고 플랜 일부를 변경하는 정도로 약 반년에서 1년의 기간이 필요하다.

이러한 상품개발 중에서 상품의 성격을 정하는 중요한 요소는 생활제안이었다. 1970년대 후반까지 주류였던 「자유설계」 방식은 소비자의 요구에 대응하여 취향에 맞게 여러 플랜을 만들었다. 기획형 상품개발은 생활제안을 위해 주택시장분석, 마케팅 조사 등을 통해 개발되었는데 이 과정에서 마케팅의 수법이나 용어가 주택 업계에서도 일반화되었다.

1980년대에는 30대의 젊은 부부를 위한 상품에서부터 고령층을 포함한 3세대 동거를 위한 상품에 이르기까지 여러 특정 고객층을 대상으로 각 회사마다 독특한 주택상품이 제안되어 왔다. 각 프리패브 주택 기업은 1980년대 전반 상품의 독자성이나 차별성을 높이는 것을 원동력으로 하여 부품을 독자적으로 개발하였다. 이 시기 개발된 부품으로서는 다음과 같다.

① 현관의 외부 디자인 부품

② 욕실 유닛, 세면 화장대, 시스템 부엌의 설비용품.

③ 도코노마 세트, 계단세트, 내부 창호, 수납 유닛 등의 내장관계
디자인 부품

④ 홈 오토메이션 등의 최신 설비부품

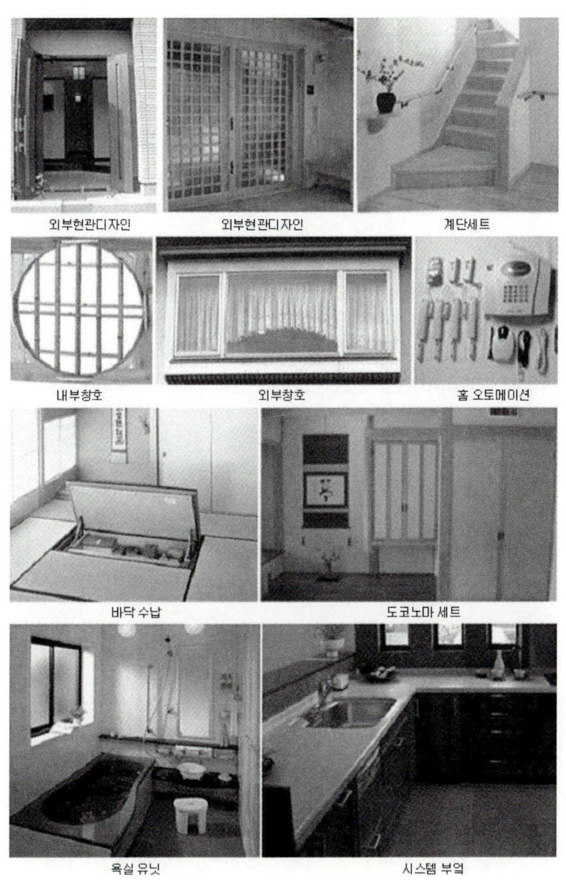

[그림 58] 부품개발

1980년대 후반에 각 프리패브 주택 기업들은 주거생활 제안과 관련하여 조사·연구를 실시할 수 있는 연구소 등을 사내에 설립하는 경우가 많아졌다. 동시에 대학 등의 외부 연구기관과 공동연구를 실시하는 등, 연구 네트워크를 펼치는 움직임도 볼 수 있다. 이러한 동향은 지금껏 구조체나 외벽을 중심으로 진행되어 왔던 주택메이커의 기술개발을 내장이나 설비를 포함한 주택의 전체로 방향을 확대시켰다고 평가받고 있다. 반면 각 기업은 상품개발 경쟁이 격화되면서 「기획형 상품」에 대한 종류가 많아져 생산·판매 면에서 다종소량생산에 대해 문제화되기도 했다.

4) 1990년대 이후

(1) 1990년대 전반

1990년 전반은 1980년대 후반부터 계속되는 버블경제로 주택건설이 다시금 활기를 찾았다. 프리패브 주택의 연간 주택 판매 호수는 12만 호 전후로 높은 수준을 유지했다. 1990년대 전반, 프리패브 주택 기업의 움직임을 간단히 정리하면 다음과 같다.

가. 설계의 상품화

1970년대 후반에서 1980년대 프리패브 기업들은 중앙조직의 두뇌에 의한 「기획 상품」 개발을 진행시켜 매상을 올렸으나 1990년대에 들어서 차츰 매상 비율이 저해되어 기획 상품에 대해 더 이상 기대할 수 없게 되자 개별 대응형이라는 「자유설계」 주택으로 코드를 전향하였다.
　「자유설계」의 전개방식은 종전의 중앙조직이 주도적으로 개발했던

「기획 상품」 방식으로는 전개해 갈 수 없어 결국 말단 판매조직에 역할을 위임하고 설계력을 높이기 위한 새로운 시스템 조정에 들어간다.

판매조직은 자신들과 결탁해 있는 일반 설계사무소나 공무점에 개별 주택의 설계를 의뢰해 가는 방식을 채용한다. 이로써 설계사무소와 공무점은 지금껏 자신들이 다뤄보지 못한 엄청난 양의 설계를 담당하게 된다. 프리패브 주택기업은 이들에게서 쉽게 자료를 얻어 연구자들을 통해 데이터 분석된 성과를 「상품」이라고 하는 형태가 아니고 「타입」 제안으로서 판매조직에 전달한다. 또한 설계과정에서 「설계의 상품화」는 CAD를 이용한 설계 방법이나 설계 수법의 표준화, 소비자에 대한 프레젠테이션 수법의 표준화 등 프로세스 틀을 정비하였다.

나. 지역성에의 대응

종래의 프리패브 주택상품개발은 전국 일률적 생산 공급을 전제로 하여 기업 생산적 측면에서 가장 효율적인 대량판매를 전제로 하였다. 주택은 외관이나 플랜뿐만 아니라 사용하는 재료나 디테일 등 여러 가지 면에서 지역성이 있었다. 「양으로부터 질로」 인식이 1975년 무렵부터 논의되었지만 1990년대에 지역성에 대해 재검토되었다. 지역성에 대한 논의는 재래구법 목조주택이 분야를 중심으로 해마다 활발하게 진행되었다. 「지역성에의 대응」이라고 하는 것은 외관 디자인이나 배치 이외에 다음과 같은 측면에서 접근하였다.

① 각 지역 고유의 주생활·주문화가 담긴 부품을 채용

② 각 지역 고유의 재료나 생산기술을 이용

③ 각 지역에서의 다른 주택 공급 업자(예를 들면 목수나 공무점) 등과의 역할 분담을 통한 상품 전개

①, ②에 대한 대응방법은 각지의 공장 단위로 상품을 개발하여 지역에 대응하였다. ③번은 전국 각지에 점재하고 있는 영업소나 대리점이 마케팅을 통해 대응해 갔다.

다. 도시형 주택의 개발

도시지역 밀집 기존시가지에서는 개축의 수요가 증가하였다. 도시지역에서의 주택수요는 토지를 유효하게 활용하기 위해 건물의 다층화와 복합 용도화가 요구되었다. 이에 프리패브 주택기업은 도심부 개축 수요를 대상으로 3층 이상의 점포나 사무소와 병용한 주택상품이 개발되었다. 이러한 병용주택은 다음과 같은 기술개발이 필요하였다.

① 3층 이상의 건축물에 대응할 수 있는 구조시스템의 개발

종래 프리패브 주택의 개발은 2층 건물을 위주로 이루어졌지만 도쿄나 오사카 등의 도시에서의 개축은 3층 이상의 건물로 구조시스템이 요구되었다. 기업들은 고시(告示) 38조 인정과 공업화주택성능인정을 받을 시에 3층 주택을 포함하여 인정을 받을 수 있게 구조시스템을 조정하였다. 여기에서는 철골조나 철근콘크리트조에 대한 가격 경쟁력이나 품질향상 책이 개발의 포인트로 작용하였다.

② 내화성능 향상 기술의 개발

도시지역의 밀집지역에서 다층화로 할 경우 보다 높은 내화성능이 요구되었다. 물론 법 규제도 까다로워 구조체의 내화성능 향상에 관한 기술개발이 과제로 작용하였다.

③ 밀집지역에서의 시공기술

종래의 교외 주택지와 비교해 보면 도시 주택은 접도조건도 나쁘고 인동간격도 아주 좁은 경우가 많았다. 이러한 도시 특성을 감안한다면

주택은 부품의 크기나 운반방법, 구조체나 외벽의 구법을 개발할 필요가 있었다. 또한 공사 중에 발생하는 근린소음이나 먼지 등의 문제에 대한 대응책도 주의 깊게 논의되었다.

(2) 1990년대 후반 이후

1995년 1월 한신 고베 지진으로 많은 건물이나 주택은 피해를 입었다. 주택 이재민(罹災民)이 발생하여 주택확보를 위해 건축부분에서는 (社)주택생산단체연합회와 공동으로 가설주택을 공급하기 위한 협의회를 설치하고 그해 3월 말까지 응급가설주택 5,620호를 건설했다. 한신 고베 지진 때에 피해가 적었던 프리패브 주택 기업들은 메스미디어나 책 등의 출판을 통해 대대적인 홍보를 하였다. 이로 프리패브주택의 품질이 높게 평가되어 1995년 프리패브 주택의 신축량이 18.2%로 전년 대비 4.6% 상승하였다.

버블경제의 붕괴 후, 주택산업은 환경문제의 인식고조와 고령화로 사회적으로 변화를 맞이하였다. 주택에서는 개성화, 다양화의 요구에 저비용화와 에너지 절약, 장애시설 도입, 내구성 향상 등 한층 더 성능향상의 대처가 요구되었다.

이 시기 급격한 엔화의 상승으로 무역마찰이 생겨나고 주택의 가격차 문제가 발생했다. 버블시의 고급주택에 대한 가격상승으로 인해 주택가격에 관한 관심이 매우 높아졌다. 프리패브 건축협회에서는 1994년에 「저가격 주택의 조사」를 건설성의 의뢰를 받아 실시하였다. 이외에 협회는 주택성능과 관하여 「공업화주택의 내구성능에 관한 기술규정」, 건설성의 「고령자 대응 주택과 관련한 설계지침」의 의견서를 제출했다.

한신 고베 지진의 피해로 안전에 대한 관심이 고조되면서 주택 품질에 대한 법 규제의 요구가 높아졌다. 이러한 요구로 주택의 품질확보의 촉진 등에 관한 법규에 의해 성능표시 제도를 도입하였다. 프리패브 건축협회에서는 1997년에 「주택성능표시 검토위원회」, 1998년 「품질확보 촉진위원회」를 설치하고 성능표시 항목에 대한 검토를 실시하였다. 결국 2000년 4월에 주택품질확보촉진법(품확법)이 실행되었다.

3. 프리패브 주택의 구법 분류[80]

프리패브 주택의 구법 분류에 대해 일본 목조주택시장 2번째 연재에서 설명한 바 있다.[81] 프리패브 주택을 구법에 따라 분류하는 경우에는 여러 가지 방법을 생각할 수 있다. 일반적인 예는 다음과 같다.

① 주요 구조부에 이용하는 재료에 의해서 「목질계」, 「철골계」, 「콘크리트계」로 3종류로 분류하는 방법

② 구조방식에 의해서 「핀 구조」, 「라멘 구조」, 「벽구조」의 형태로 분류하는 방법

③ 공장생산된 패널에 의해서 몸체를 구성하는 시스템에 대해 「중소형패널식」, 「대형패널식」이라고 하듯이 패널의 크기별로 분류하는 방법

본 장에서는 구조체(構造体) 부품의 현장반입 단계의 분류방법을

---

80) 3장은 아래의 문헌을 주로 참고하였다.
　　① 松村 秀一, 「工業化住宅・考」學芸出版社, 1987.4.
　　② プレハブ建築協會, 「プレハブ住宅コーディネーター教育テキスト」, 1995.6.
81) 안국진 「일본 목조주택시장의 변화과정과 현황 -일본 목조주택시장2-」 건축역사연구, p.222, 2006.6.

소개하겠다. 프리패브 주택의 구법상의 특징이 주요 구조체를 공장생산하고 있기 때문에 프리패브 주택의 분류법에는 공장생산과 관련하여 패널의 크기별로 구분하는 것이 타당하다고 판단된다.

일본의 프리패브 주택을 크게 다음의 3종(외벽 분리형, 외벽 일체형, 박스 유닛형)으로 분류할 수 있다. 다만 복합형도 존재하지만 복합방식이 매우 다양하기 때문에 지면상 생략한다.

[표 5] 구조계 부품의 분류에 의한 공업화주택의 분류(단독주택)

외벽 분리형 (부품 집적도: 小)	외벽 일체형 (부품 집적도: 中)	박스 유닛형 (부품 집적도: 大)
① 선재의 구조체와 면재의 패널을 분리하여 조립하는 것: 주로 철강계에서 사용되고 있지만, 과거에는 PC계와 목질계에서도 사용되었다. ② 선재의 구조체와 면재의 패널을 미리 조립하는 것: 선상부품을 미리 공장에서 접합시켜 두는 경우도 있는데, 현장에서 조립하는 것에 비해 부품 집적도가 높다.	① 구조체의 일부가 패널화되지 않는 것: 철강계에서는 수평방향의 구조체를 도리 부품 등의 선상부품에서 구성하는 경우가 많다. ② 구조체의 대부분이 패널화되는 것: 주로 콘크리트계에 사용하고 있으며, 목질계에서도 볼 수 있다.	① 부분적으로 박스 유닛을 사용하는 것: 박스 유닛의 구조 이중성이라고 하는 결점을 보완한 것으로, 척도의 유연성을 높이기 위해 유닛을 따로 설치하고 그 사이에 패널과 선재부품으로 연결하는 타입 ② 전체를 박스 유닛으로 사용하는 것: 철강계, 목질계에서는 볼 수 있지만, 중량이 무거운 콘크리트계에서는 거의 사용되지 않고 있다.

出展: 松村秀一, 「工業化住宅·考」, p139

1) 구조체: 외벽 · 분리형

구조체로서의 축조부품과 외벽으로서의 패널 부품이 각각 독립적으로 공장생산 · 출하되어 현장에서 조립해 벽을 구성하는 타입이다. 구조체와 외벽이 분리되어 현장에 반입되기 때문에 두 구성체를 조립하는 작업은 그만큼 프리패브화의 레벨은 낮다고 말할 수 있으나 외벽재의 선택의 자유도나 교환성에서는 일체형보다 유리하다.

이 타입의 경우, 경량형강을 구조재료로 하는 것이 많다. 축조부품의 현장 반입 형태에도 기둥 도리와 외벽을 분리한 채 운반하는 경우가 있지만 그것들을 미리 조립하여 축조패널로 운반하여 사용하는 변형된 형태도 있다.

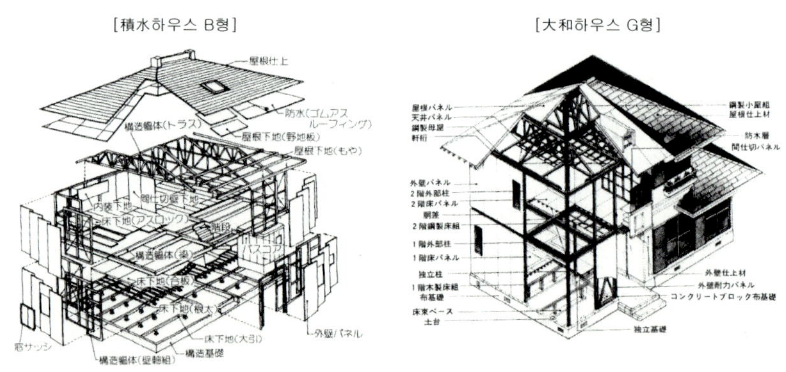

참고: 松村秀一, 「工場化住宅 · 考」, p.140, 141

[그림 59] 외벽: 분리형

2) 구조체: 외벽 · 일체형

구조체를 겸하는 패널 부품이 외벽을 구성하는 타입이다. 「3.1」의 외벽 분리형과 비교하면 부품수와 현장 공정수가 모두 적게 들어 효율성은 높지만 패널상 부품끼리의 접합에 의해서 힘을 전달하는 방식이기 때문에 접합 방식은 특수한 것이 된다.

수평 방향의 구조체는 바닥 패널. 천정 패널이라고 형태로 패널 부품으로 하고 있는 것과 보 등의 선적(線的) 부품을 현장에서 조립하는 것도 볼 수 있다. 구조재료에 있어서는 일체성형(一體成形)에 의한 프리캐스트콘크리트(PC)계와 외관에 면재(面材)를 설치하는 목질계와 철골계가 있다. 특수한 것으로 철골의 구조체를 PC안에 삽입하는 것도 볼 수 있다.

패널의 크기는 일반적으로 1개 층의 높이로 900㎜~1,800㎜ 정도의 폭을 가지는 중형 패널과 1,800~3,600㎜의 폭을 가지는 대형 패널로 크게 나눌 수 있지만 2층 높이의 높고 긴 초대형 패널도 있다.

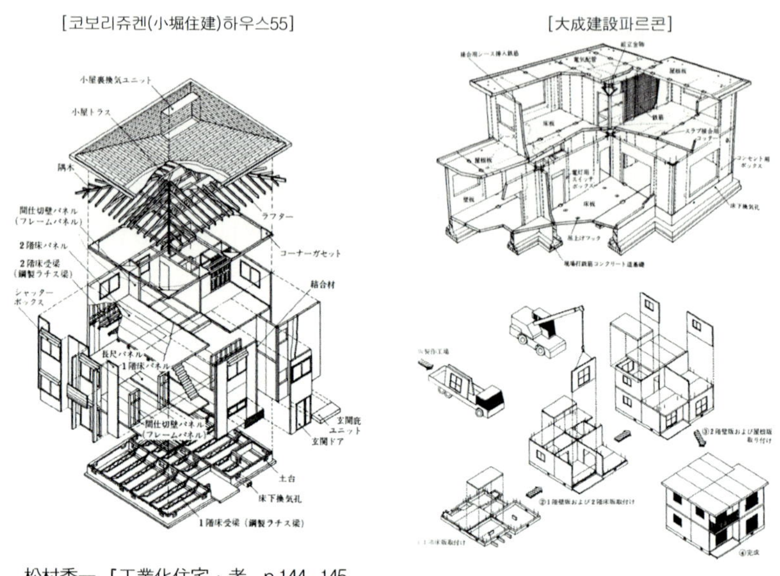

松村秀一, 「工業化住宅・考」 p.144, 145

[그림 60] 외벽 일체형

3) 박스·유닛형

구조체를 공장 내에서 외벽과 내장의 기초, 마감관계의 부품이나 부재를 박스형태로 조립하여 현장에 반입하는 타입이다. 현장에서의 작업은 여러 박스 유닛을 접합하는 것과 일부 내장 마감재와 설비 공사 정도로 현장 공정수와 공사기간을 모두 줄이는 방식이다. 다만 운송상 법 규제가 박스 유닛의 폭과 높이에 엄격한 제한이 있고 다른 타입에 비해 보다 많은 설비투자를 필요로 하는 단점이 있다.

구조체에는 경량형강라멘과 목질계의 벽구조가 있지만 실질적으로 경량형강라멘이 압도적으로 많다. 콘크리트계에서도 시도를 해보았지만 박스 유닛의 중량이 크다고 하는 어려움이 있어 일반화되지 못했다.

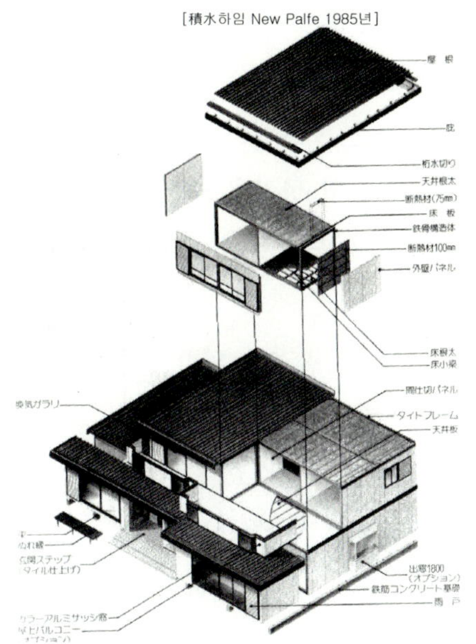

참고: 松村秀一, 「工業化住宅·考」, p.146,147, 積水하임 나고야 전시장 팸플릿

[그림 61] 박스 유닛형

4. 프리패브 주택의 생산과 기술[82]

1) 모듈·부품화

종래의 주택은 각종의 부재와 부품이 서로 접합하는 과정에서 치수
가 정해진다. 일반 주택은 반드시 양산(量産)된 부품만을 사용하는 것
이 아니다. 그렇기에 현장에서 수작업으로 시공을 하는 경우에는 현장
시공자가 치수를 임의로 조정하는 경우가 많다. 반면 프리패브 주택은

---

82) 4장은 プレハブ建築協會, 「プレハブ住宅コーディネーター敎育テキスト」,
1995.6의 문헌을 주로 참고하였다.

174

대부분 공장에서 양산된 부품을 사용하고 있기 때문에 치수가 엄격히 정해져 있다. 건축생산에서 공업화와 합리화를 촉진하기 위해서 양산된 부품은 호환성을 갖지 않으면 안 된다. 여기에 호환성이라고 하는 것을 간단히 정리해 보면 다음과 같다.

① 재활용을 위한 호환성 - 부품의 내구성에 따라 같은 제품으로 교환가능

② 목적 변경을 위한 호환성 - 성능향상이나 용도변경을 위해 타 제품으로 교환가능

③ 대량 주택수요를 위한 호환성 - 대다수의 주택이 공통으로 이용 가능한 부품을 양산화

④ 실 재배치를 위한 호환성 - 주택 간의 실 위치변경이 용이한 부품변경 가능

⑤ 플랜상의 호환성 - 몇 가지의 부품을 조합해 새로운 형태의 창출가능

(1) 모 듈

모듈을 이용한 설계수법의 역사적 기원은 파르테논 신전을 시작으로 고대 그리스 건축물에서 볼 수 있다. 이 신전 건물은 부재의 간격이나 크기를 일정한 비례를 가지고 있다. 일본에서도 목조건축에서 모듈을 적용했었는데 기둥 간격을 기준척도로 하여 각 부재의 치수를 산출하는 비례원리가 있었다. 이러한 치수는 인체치수를 근거로 하여 단위를 결정하고 실제 건물의 설계에 이용하였다.

근대에도 인체치수를 근거로 모듈을 결정하였는데 그 대표적인 예가 르 꼬르뷔제의 모듈이다. 르 꼬르뷔제의 모듈은 인체에서 끌어낸

치수에 황금비를 공비수열로 하여 건축설계에 적용하였다. 이 모듈은 1925년경부터 구성 재료 간의 호환성이나 생산성 향상이라는 측면에서 사용되기 시작했다.

일본의 JIS(Japanese Industrial Standards: 일본공업규격)에서는 1950년대부터 기준이 되는 1개 모듈의 치수를 등비수열에 의해 보다 작은 몇 개의 치수로 구분하여 일정한 건축모듈을 정했다. 반면 모듈이라고 하는 것은 치수의 집합 군을 모듈이라고 부르는 것과는 다른 의미로 유일한 치수를 결정해 그것을 기본 모듈이라 부르기도 한다. 예로서는 10㎝를 단위 치수로 하는 ISO(International Organization for Standardization: 국제 표준 기구)를 들 수 있다.

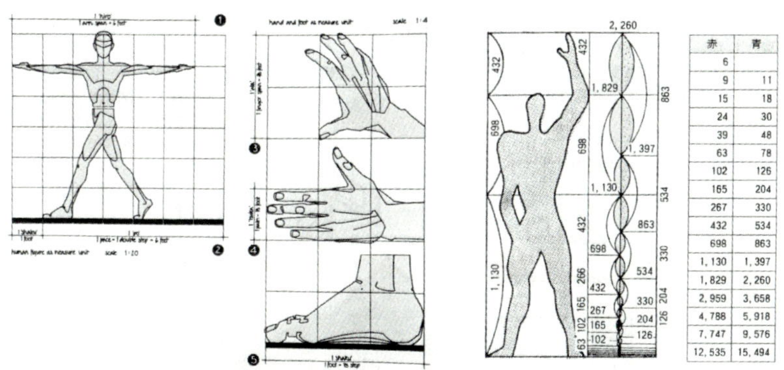

좌측 두 그림: Barry Russell, 「Building Systems, Industrialization, and Architecture」
우측 그림: 江口 禎, 安藤正雄, 「量産化」, 「モデュラーコオーディネーション」

[그림 62] 인체치수를 근거로 한 치수단위

프리패브 주택분야에서 「모듈」이라고 하는 것은 구조체를 구성하는 주요한 부품의 수평방향의 길이의 단위를 말한다. 다만 주택을 구성하는 모든 부품의 치수의 단위가 너무 크기 때문에 실제 각부 설계에 있어서 이 치수의 1/3, 1/2 정도의 작은 치수를 모듈로 사용하고 있다. 프리패브 주택의 모듈은 대부분이 벽 패널을 주요부품으로 하는 구법이기 때문에 폭이 가장 작은 표준 패널 폭의 치수를 모듈로 하는 경우가 많다. 그림 18에서 표시하는 것처럼 900~1,000mm 정도의 수치가 많이 이용되고 있다.

모듈은 3자(尺)[83]에 상당하는 910mm와 비슷하고 치수 끝자리가 10진법으로 떨어지는 수치로 하여 900mm가 많지만 1,000mm를 시작으로 실제 다양한 치수가 각각의 시스템에 이용되어 왔다.

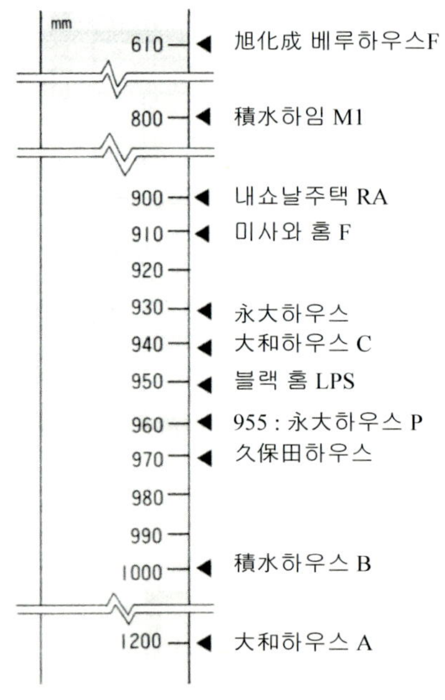

「プレハブ住宅コーディネーター」, 1995

[그림 63] 과거 프리패브주택의 모듈

---

83) 자(尺) 촌(寸)의 단위는 과거 일본에서 도량형으로 있었지만 공식 단위로 1958년 폐지되었다. (참고: 住宅用語集)

(2) 그리드 플랜

모듈에 따라서 공간이나 부품의 치수를 조정하거나 공간 내에서 부품의 배치를 결정하는 수법으로 그리드가 있다.

전형적인 예로는 일본의 재래구법에 의한 목조주택의 설계법을 들 수 있다. 목조주택 설계법은 3자(척 909㎜) 정도의 치수 단위를 나열한 그리드에 따라 기둥의 배치나 혹은 다다미의 배열을 결정한다.

일본의 목조축조구법의 방법에는 이러한 치수도 미묘한 지역차이가 있다. 대표적인 것이 관동지방(關東地方)에서 「에도간(江戸間) 또는 관동간(關東間)」이라고 부르는 것과 관서지방(關西地方)에서 「경간(京間) 또는 본관(本間)」으로 부르는 치수가 있다.

주택 설계와 시공의 기준이 되는 그리드 플랜은 에도간(江戸間)에서 3자(尺 약 909㎜)를 단위로 하여 그리드에 따라 설계 시공이 행해지는 것에 대해 京間(경간)에서는 3尺1寸5分(약 954㎜)을 단위로 하고 있다. 이 치수의 차이는 일반적으로 잘 알려져 있는 수치이다. 그리드 계획으로서 본질적인 차이는 방 넓이 재는 방법에 있다.

에도간(江戸間)에서는 기둥 중심선을 그리드의 교점에 맞추어 배치한다고 하는 전체의 시스템의 구성 규칙으로 보의 길이가 정해져 있다. 다다미의 크기는 8첩간(疊間)과 4첩반(疊半)이 다르고 6첩(疊)에는 2종류의 크기가 다른 다다미가 필요하다.

한편 경간(京間)은 방 넓이 재는 방법을 기둥 안목선에서 재는 방법으로 있어 다다미의 크기가 모두 통일되어 있다. 그러나 축조(軸組)의 스팬은 어중간한 치수로 그림 64처럼 상반신과 하반신을 각각 세로에 분할하여 다다미의 수가 같지 않으면 평면 성립이 어렵다.

에도간(江戸間)의 그리드를 싱글 그리드, 경간(京間)의 그리드를
더블그리드라고 말하고 그리드와 기둥의 관계를 에도간(江戸間)에서
는 기둥중심선, 경간(京間)에서는 안목선이라는 방법으로 방 넓이를
재고 있다. 이 두 지역의 그리드 측정방법에는 서로 일장일단이 있어
어느 것이 좋다 나쁘다고 말할 수 없다.

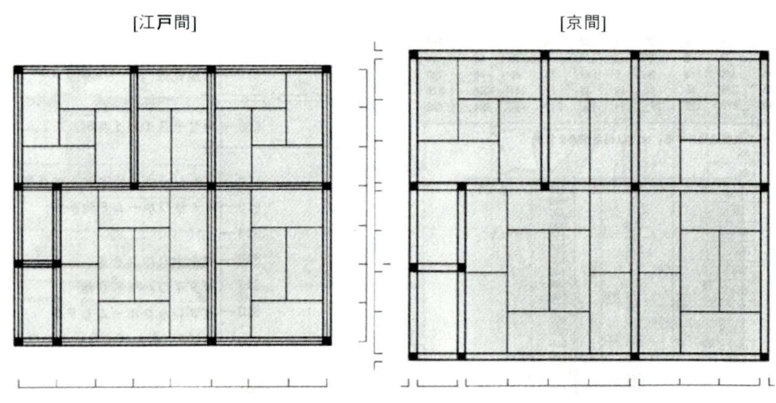

プレハブ建築協會, 「プレハブ住宅コーディネーター教育テキスト」, 1995

[그림 64] 에도간(江戸間)과 경간(京間)

프리패브 주택에서도 에도간(江戸間)이나 경간(京間)과 같이 기본
모듈에 그리드 플랜을 사용하고 있다. 앞서 서술한 것처럼 모듈은 시
스템마다 여러 가지가 있고 그리드 설정 기준도 중심선으로 할지 안
목선으로 할지 그 방법도 여러 가지다. 일본 프리패브 주택의 그리드
플랜 방법에 있어 몇 개 기업의 실제 사례를 소개하겠다.

가. 세키스이(積水) 하우스

이 회사는 1,000㎜의 기분 모듈, 500㎜을 서브 모듈로 하는 싱글 그리드 방식이다. 축조(軸組)를 구성하는 패널은 그리드에 대해 안목선으로 배치하고 있고 패널 직교 부분은 특수제품〔코너 첨주(添柱)〕을 도입하였다. 일반적으로 패널은 폭은 1,000㎜이지만 직교 부분의 패널은 특수제품이 삽입되어 있어 약간 작은 패널을 사용하고 있다.

나. 다이와(大和)하우스 C시스템

기본 모듈을 940㎜, 서브 모듈을 470㎜으로 하는 싱글 그리드 방식이다. 벽축조(壁軸組)와 벽체의 배치는 기둥 중심선 방식을 적용하고 있다. 외벽 패널은 반드시 연결 부품을 끼워 넣어 접합되고 있기 때문에 접합수가 많아진다고 하는 단점이 있지만 패널이 직교하는 부위의 패널 폭도 940㎜로 모두 동일한 패널을 사용한다는 장점이 있다.

다. 내쇼날 주택 RA시스템

기본 모듈이 900㎜, 기둥 폭이 80㎜로 하는 더블 그리드 방식으로 경간(京間)과 같은 방식이다. 각 직교 부위는 80㎜의 기둥과 도리를 삽입시켜 놓았다.

라. 세키스이(積水) 하임 M3

박스 유닛 구법으로 치수는 도로 교통법상의 제한을 받기 때문에 폭이 2,464㎜라고 하는 특수한 치수로 되어 있다. 이 시스템은 기본

모듈을 900mm로 유닛의 양 사이드에 치수 조정(양측으로 보 방향 332
mm, 도리 방향 120mm)을 하는 방법을 하고 있다. 외벽은 900mm의 보드
로 구성되어 있다.

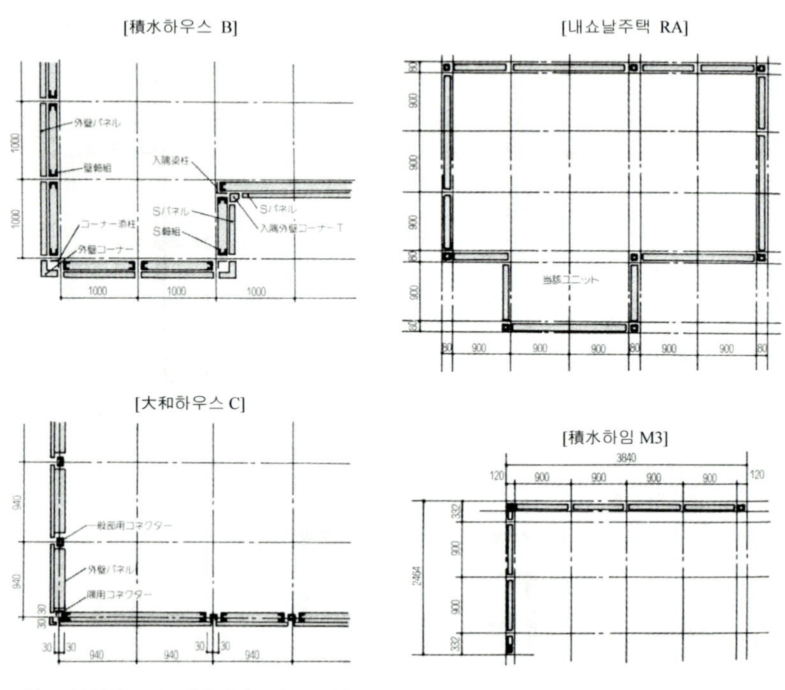

참고: 松村秀一, 「工業化住宅·考」 p163, 164

[그림 65] 각 기업별 모듈·연결부위의 사례

(3) 부품의 배열

앞서 설명한 바와 같이 그리드 플랜의 본질은 어느 일정한 간격으
로 그리드에 따라 건축을 구성하는 부품이나 부재의 배열을 결정한다
는 점이다. 이런 방법에 의해 부품의 공장생산이나 현장 시공을 원활

히 진행할 수 있다. 특히 프리패브 주택의 경우에는 일정한 치수의 한정된 종류의 부품을 가지고 적절히 잘 배열하여 다양한 설계를 할 수 있는가가 중요한 포인트이다.

프리패브 주택은 패널의 부품을 배열하는 경우에 앞의 몇 가지 사례에서도 보았듯이 패널과 패널이 직교하는 부위를 어떻게 부품끼리 접합하여 처리할까에 대해 생각해 볼 필요가 있다. 부품에는 두께가 있어 서로 직교하는 부분에서는 한편의 두께가 한편의 길이에 영향을 주기 때문이다.

패널끼리 직교하는 부분을 더블 그리드로 하여 교점에 기둥을 두는 경우는 모든 패널의 폭 치수를 통일시킬 수 있다. 그러나 구조상 기둥이 필요하지 않는 벽식 구조에서는 기둥의 설치나 접합 등이 번거롭게 된다. 따라서 벽식 구조에서는 패널끼리 직접 접합하는 방식이 일반적이지만 이 경우 패널 1종류로는 해결할 수 없다.

특히 패널 간에 직교하는 부분에서는 접합을 위해 가공이 필요할 수 있다. 접합부의 부품은 치수가 같아도 형상이 다른 다양한 부품이 생겨나기도 한다. 목질계의 패널과 같은 가공성이 좋은 재료는 이러한 변화에 대응이 용이하지만 PC판과 같은 재질의 패널에서는 보다 대응이 어렵다.

패널의 치수는 아래의 그림에서 표시한 것처럼 패널의 종류는 크기별로 다양하다.

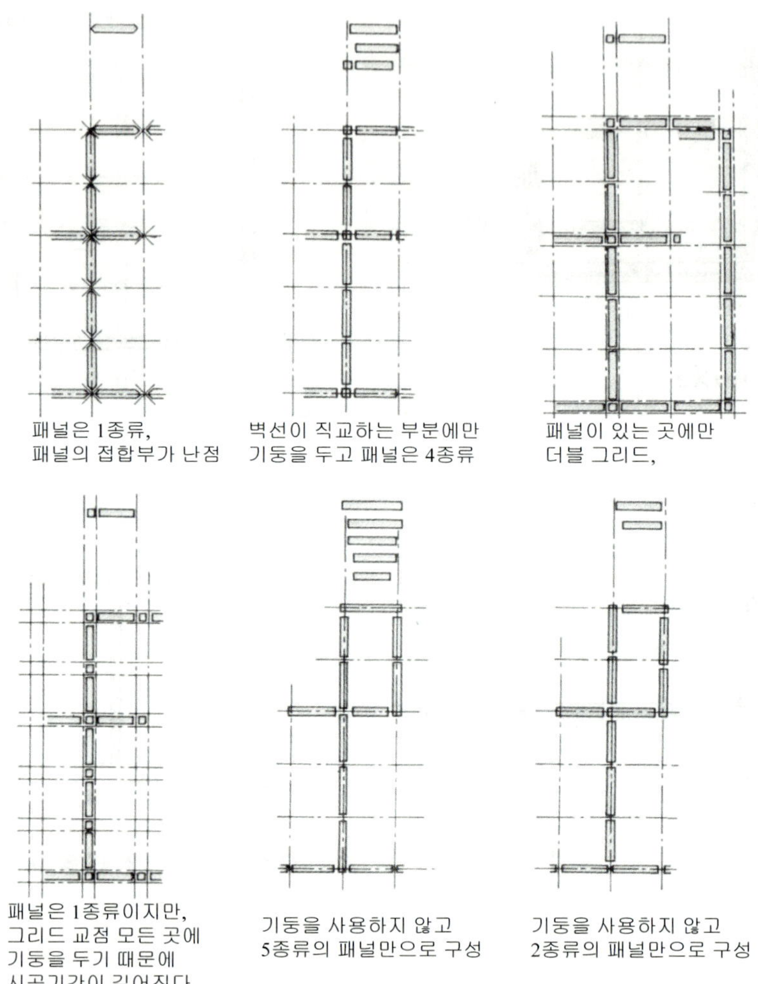

참고: 松村秀一, 「工業化住宅」, p.167

[그림 66] 패널 구성법

2) 시스템 설계

(1) 공업화주택의 「시스템」 인정

1960년대 후반부터 양적으로 주택공급이 증가하던 때에 주택의 질적 향상, 성능표시, 가격안정이 사회적으로 요구되어 건설성에서는 1973년 「공업화주택성능인정제도」를 발족했다. 이후 성능평가 표시로 인해 14년간에 걸쳐 소비자 보호와 공급체계 정비 및 주택 성능을 향상시켰다. 하지만 무역 수지의 불균형에 따른 시장개방 요구에 의해, 1987년 5월 「공업화주택성능인정제도」 등의 건설대신 인정제도는 폐지되어 민간단체에서 이행하게 되었다. 「공업화주택성능인정제도」는 종래부터 보급 역할을 담당해 왔던 (재)일본건축센터가 승계하였다. (재)일본건축센터는 인정제도의 성과와 시대적인 변화 요청 등을 근거로 하여 부분적으로 변경 개선하면서 공업화주택성능인정사업을 실시하고 있다.

이 제도는 우량(優良)의 주택을 인정한다고 하는 것보다도 각 기업으로부터 인정신청받은 공업화주택이 가지고 있는 성능에 대해 있는 그대로를 인정한다는 것이다. 인정의 기준은 단순한 플랜 인정이 아니고 (재)일본건축협회가 요구하는 일정 이상 수준의 주택형식(생산시스템)을 갖추고 있을 때 공업화주택으로서 인정해 주는 것이다.

(2) 생산시스템의 변화

프리패브 주택의 큰 특징의 하나는 각 기업이 세부적으로 정해놓은 각각의 시스템 안에서 생산이 전개된다는 점이다. 프리패브 주택의 시스템은 목조축조구법(木造軸組構法)이나 경량목조주택(輕量木造住宅)과 같이 오픈되어 있는 일반화된 구조와는 달리 각 기업이 독자적으로 개발한 신규 구법에 의해 생산되는 운영방식이다. 「공업화주택 인정제도」는 구조상 주택의 안전과 생산시스템 구축 등을 일본건축센터가 실시하는 심사에 통과한 주택상품에 한하여 인정되고 있다.

프리패브 주택의 구법 특징은 주택을 이루는 부품을 분해해 공장에서 미리 생산하여 현장에 공급하는 방식이다. 그렇기 때문에 중요한 포인트는 주택을 어떤 단위의 부품을 분할해 어디까지 공장생산할 것인가가 중요하다. 이를 따져보기 위해서는 어떤 단위의 부품을 현장에 반입하는 것이 시공상 혹은 유지·관리 면에서 합리적인지를 생각해야 한다.

생산성은 부품의 크기와 종류에 따라 각각 달리 나타난다. 예를 들어 현장에 공급하는 부품의 크기가 큰 경우는 현장 시공의 의존도를 줄여 공사기간이나 품질관리 면에서 유리하다. 그러나 반대로 부품의 크기가 작으면 작을수록 개별 대응성이라는 점에서 유리하고 양산(量産) 효과도 크다.

프리패브 주택 기업은 공장에서 동일한 부품을 양산하는 것을 기본으로 하고 있지만 오늘날 소비자의 다양한 요구에 대응하면서 제품의 재고를 줄이고자 소량생산하고 있다. 최근 현장 기능공의 만성적인 부족으로 공장에서 기존 라인과는 별도로 부품 조립공간이라고 하는 작업장소를 따로 마련해 두고 그곳에서 미리 부품을 조립하여 현장에 반입하는 경우가 많아졌다.

(3) 영업활동과 생산관리

주택 생산은 소비자의 다양화와 고도화 요구에 의해 다품종 생산체제로 전환되었다. 세일즈맨은 소비자를 대할 때 다양한 정보를 지원할 수 있는 컴퓨터를 적극 활용하고 있다. 건립예정지의 부지조건에 맞춰 세일즈맨은 소비자로부터 원하는 주거 조건들을 직접 들으면서 컴퓨터에 데이터를 입력한다. 입력한 데이터는 주택의 평면도는 물론 입면도, 투시도 등 각기 다양한 각도에서 주택의 형상을 바로 확인할 수 있다. 도면 수정도 즉석에서 가능하며 내장재나 여러 옵션에 이르는 세세한 것까지 지정할 수 있다. 소비자가 원하는 조건은 바로 설계도로 완성되면서 견적서가 자동적으로 프린트로 출력되어 나온다. 이러한 설계 도면은 소비자에게 보여주기 위한 도면이 아니라 원하는 부품이 공장에서 가공될 수 있도록 공장과 연동(連動)되어 있으며 수주에서 시공까지 모든 과정이 효율적으로 이루어질 수 있도록 되어 있다.

영업라인으로부터의 생산 의뢰서를 근거로 생산에 필요한 기초 데이터를 입력하면 필요로 하는 모든 부품의 공정계획이 편성되어 공장에서 내작 지시서(內作指示書)가 발행된다. 이것과 병행해 협력회사에 발주가 온라인으로 송신된다. 발주(發注)는 내작(內作), 외작(外作)으로 적정 재고량을 유지할 수 있도록 주문하며 가공 전에 모든 재고량이 공장 내의 라인상에서 편입을 대기할 수 있도록 하고 있다. 이 방대한 부품이 일정량 안정적으로 생산라인에 공급될 수 있도록 적정 재고량의 유지가 생산의 효율화를 도모하고 있다. 각 시스템은 모두 통합되어 정보시스템을 구축하고 있다.

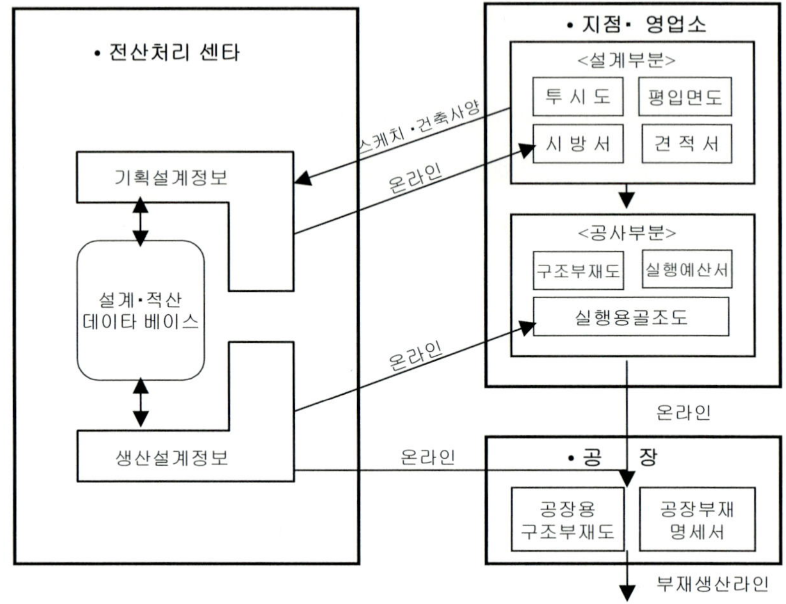

참고: 松村秀一, 「工業化住宅·考」 p.117

[그림 67] 영업방식

(4) 시 공

장기적인 시공 기능자의 부족과 가격절감을 목표로 합리적인 시공 방식이 계획되고 있다. 종래는 공사현장에서 실시했던 작업이 현재는 공장에서 많은 부분 실시되고 있다. 프리패브화된 대표적인 사례로는 다음과 같다.

- 기초의 PC화: 프리캐스트 콘크리트로 기초를 만들어 현장에서 콘크리트 타설 생략
- 지붕의 일체화: 트러스와 같은 지붕 골격을 가공하고 현장에서 크레인을 이용해 조립

단독주택에서는 부지가 협소하여 크레인 사용이 제한된 공사현장이 많아 기기(器機)의 개발도 함께 진행되고 있다.

5. 나가며 - 부품화를 생각하며

필자는 목질프리패브 주택 일명 공업화주택의 발전과정을 단계적으로 보았을 때 모듈화→부품화→기계화→정보화 등의 순으로 발전해 가리라 생각한다. 한국의 목조주택시장이 그다지 형성되지 않은 상황에서 한국 목조주택 기술개발의 첫 디딤돌이 모듈화와 부품화라 생각하고 프리패브 주택의 근본이 되는 부품화에 대해 관심이 많았었다.

일본의 프리패브 주택은 대량공급을 위한 초기단계(1950년대 후반~1960년대 초반)에서 부품화에 대한 연구나 논의가 학계나 기업 간에 있었을 것이라 생각했었다. 그래서 그 논쟁이 무엇인가 흥미를 가지고 이런저런 자료를 찾아본 적이 있었다. 결론부터 말하면 당시 건축학회 등의 학계에서 부품화에 대한 논쟁은 없었다.

다만 앞서 설명한 바 있지만 일본의 건설성(建設省)은 「도시의 불연화」, 「불에 타지 않는 주택건설」이라고 하는 불연화(不燃化)에 대한 논의를 1950년대에 추진하였다. 당시 건설성은 양산공영주택(量産公營住宅)을 추진하기 위해 신일본제철(新日本製鐵)을 비롯한 철강회사, 중소 주택관련 기업을 불러 모아 「일본경량철골건축협회(日本輕量鐵骨建築協會)」를 결성하였다. 양산공영주택(量産公營住宅)을 추진하기 위하여 불연화에 대해, 「①외벽은 PC형 패널을 도입 ②지붕은 경량 철골화, ③내장은 내장 패널을 도입」과 같은 3가지의 부품을 제안하였다.

반면 세키스이(積水)하우스나 다이와(大和)하우스 등의 프리패브 주택회사는 정부나 학계의 불연화 관련 프로젝트와 전혀 관계없이 독자적으로 이윤을 위해 생겨났던 기업들이다. 이들 프리패브 주택 기업은 대량생산을 위해 부품화를 추진시키며 독자적인 기술을 개발하였다. 프리패브 주택기업 간에는 정보를 교류하거나 연구회를 결성한다는 것이 일절 없이 오히려 각 기업의 기술이 외부에 공개되는 것을 막기 위해 폐쇄적으로 외부와 차단한 채 부품화 개발을 진행시켰다. 이처럼 공업화주택의 부품개발은 기업에 의해 진행되었지만 기업 간에 부품화에 대해 논의는 단 한 차례도 없었다.

현재 일본 주택시장에서 가장 많이 사용하고 있는 모듈은 910㎜이지만 프리패브 주택 각 기업은 치수단위가 제각각 다르다. 예를 들면 기본 모듈은 大和하우스가 1200㎜, 積水하우스가 1000㎜, 내쇼날 주택이 960㎜, 미사와 홈이 910㎜로 아주 다양하다. 각 회사의 기본 모듈은 쉽게 변경할 수 없는 것으로 만일 모듈을 변경했을 경우 공장의 설비를 모두 교체해야 하는 어려움이 있어 모듈을 변경하지 않고 지금까지 그대로 사용하고 있다. 그러나 大和하우스는 모듈을 처음에 1200㎜로 사용했지만 다음엔 940㎜로 변경하였고 지금은 910㎜를 사용하고 있다. 이 회사는 시중에 오픈된 상품을 사용하고 싶다고 하는 이유로 변경한 예외적 사례이다. 이처럼 일본의 프리패브 주택기업은 부품의 공유나 공동구입이 불가능하여 자사의 주택상품은 자사에서 생산된 부품만을 사용하고 있는 실정이다.

◗ 참고문헌

松村 秀一, 「工業化住宅·考」學芸出版社, 1987.4

プレハブ建築協會, 「プレハブ住宅コーディネーター敎育テキスト」, 1995.6

プレハブ建築協會, 「プレハブ建築協會40年史」, 2003.1

1964년부터-2003년까지의 建築統計年報

總務省 統計局

積水하임 나고야 전시장 팸플릿

Barry Russell, 「Building Systems, Industrialization, and Architecture」, John Wiley & Sons, 1981

江口 禎, 安藤正雄, 「量産化」, 「モデュラーコオーディネーション」, 彰國社, 1978

제 5 장
일본 2 × 4「경량목조」주택

1. 「2×4 · 경량목조 · 枠組壁工法」 용어의 유래

일반적으로 「2×4」투바이포 주택이라고 불리고 있는 공식적인 명칭은 각 국가마다 부르는 용어가 다르다. 현재 「2×4」 북미에서 Platform framing이라고 불리고 있는 것에 반해 아시아에서는 한국 「경량목조(輕量木造)」, 중국 「경형목결구(輕型木結構)」, 일본 「화조벽공법(枠組壁工法)」이라고 불리고 있다.84)

「2×4」라는 용어는 일본에서 목재의 단면적을 2인치 4인치 북미의 규격을 부르기 쉽게, 일부 전문가들에 의해 불리고 있다. 이 용어는 일본에서 불리기 시작하여 북미로 역수출된 것이라 주장하는 이들도 있다. 북미의 재래 목조구법을 투바이포구법이라고 하는데 여기서 말하는 구법은 주택의 골격(구조나 골조)을 만드는 방법이다. 흔히 「구법(構法)」과 「공법(工法)」을 혼동해 사용하고 있는 경우가 많은데 공법이라고 하는 것은 시공(공사)하는 방법으로 구법과 공법의 의미가 다르다. 「구법(構法)」과 「공법(工法)」을 구별하기 어려워 전문가 사이에도 혼동하여 사용하고 있는 경우가 더러 있다.

현재 일본에서는 「2×4구법(투바이포構法)」과 「화조벽공법(枠組壁工法)」이라고 두 가지 용어를 함께 사용하고 있지만 「구법」과 「공법」을

---

84) 安國鎭, 松村 秀一, 「北米とアジアにおける 2×4木造住宅の建築法規に關する研究」, 日本建築學會學術發表大會論文, 2006.8.

의식하여 일부러 구분해 사용하기도 한다. 이 두 가지 모두 2인치 4인치 각재를 이용한 북미의 재래목조주택(Platform Flaming)을 지칭한 용어이다.[85]

1)「2×4 (투바이포)」용어의 유래

북미에서의 주택은 약 90%가 Wood Flaming구법으로 지어지고 있다. Wood Flaming구법[86]은 Balloom-Framing Constuction과 Platform-

---

85) 1장은 다음의 문헌을 주로 참고하여 정리하였다.
　　杉山 英男 · (社)日本ツーバイフォー建築協會,「安心という居住學」, 三水社, 1996.10.
86) 발룬구법의 출현은 1830년경으로 전해오고 있지만 플랫폼구법의 출현은 언제 누구에 의해 개발되었는지는 밝혀지지 않았다. 이를 밝히기 위해 동경대학의 구법계 연구실의 와타나베 에리코(渡辺繪里子)는 그의 석사 논문에서 1902년(합판발명)~1956년까지의 미국과 일본의 문헌을 찾아 플랫폼구법 출현을 밝히고자 하였으나 플랫폼구법의 출현을 대략 1920-1940년경으로 추정하고 정확한 개발 시점에 대해 밝히지 못하였다.
　　渡辺 繪里子,「北米木質構法の革新と在來化に關する硏究」東大修士, 1997.
　　- 발룬 구조(Balloon Framing)
　　미국식 2×4공법은 시카고에서 목재상이며 엔지니어인 스노우(George W. Snow)란 사람이 1830년경 개발한 방식이다. 기존의 기둥-보 방식(Heavy Timber Constuction)에서의 칸막이 벽체로 사용된 소단면 각재의 프레임이 구조체에 전달되는 하중을 지지하기에 충분하다는 것을 알게 되어 대단면의 기둥을 불필요한 것으로 만든 구조방식이 고안되었다. 그것은 작은 단면의 각재들만 사용하고 그 간격을 좁혀서 벽체에는 스터드(stud)로, 바닥에는 장선(joist)으로, 지붕에는 서까래(rafter)로 구성하는 방식이었다. 이러한 부재들은 목수들이 다루기에도 용이하였고 기계로 양산된 못으로 쉽고 신속하게 조립될 수 있었다. 이러한 구조법은 발룬(Balloon)구조라 이름 지어졌는데 구조방식의 우수성과 건물을 가볍게 구성하여 풍선처럼 날아갈 듯한 인상에서 비롯되었다. 발룬 구조의 특징은 벽체 스터드가 기초에서 지붕에 이르기까지 2개 층의 길이를 지니고 있다는 점이다. 이층

Framing Construction으로 구분되는데 전자는 19C에 보급된 구법이며 후자는 20C에 들어서 새로 개발된 구법이다.

현재 북미에서 Wood Flaming은 대부분 「Platform framing」구법으

바닥은 이러한 2개 층의 길이를 지니는 스터드의 중간에 끼워진 부재(ribbon)에 지지된다. 지붕의 서까래와 천장틀은 벽체 스터드 상부의 두겁대(top plates) 위에 지지된다.
(출전: http://km.naver.com/list/view_detail.php?dir_id=80110&docid=32062687)

- 플랫폼구법(Platform Framing)
  현재 대부분 플랫폼으로 지어지고 있다. 그 이유로는 1층과 2층을 연결하는 긴 부재를 구하기 힘들고 1층과 2층을 통주로 사용했을 경우 시공능률이나 공간의 제약이 많아 발룬구법이 사라졌다고 판단된다.
  발룬구법이 화재 시 취약한 내화성능과 시공 시 열악한 작업성능을 가진 발룬 구조의 약점을 보완하는 하나의 새로운 구조방식이 개발되게 되었는데 오늘날 플랫폼 방식이라 불리고 있다. 이 플랫폼구법에서는 벽체가 평탄한 바닥구조 위에 놓이게 되는 것으로 연속 벽체 혹은 하부의 벽체 상부에 벽체 구조가 놓이게 되는 발룬 구조와 다르다.

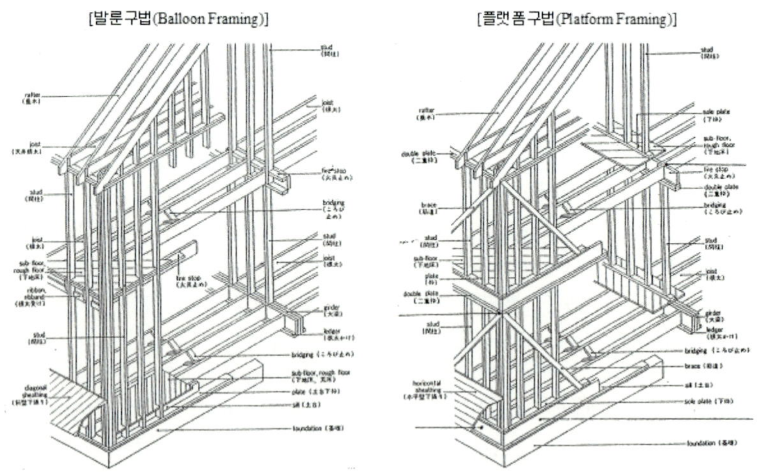

출전: 渡辺繪里子 「北米木質構法の革新と在來化に關する研究」 東大修士, 1997

[그림 68] 발룬구법과 플랫폼구법

로 지어지고 있기 때문에 Platform framing이라 불리고 있다. 일본이 Platform framing구법을 북미로부터 수입했던 것이라면 2×4(투바이포)라는 용어는 주로 일본에서 발전했던 용어로 북미의 자재공급 업자들에 전파되어 그들 사이에서도 사용되었다.

2×4(투바이포)라고 하는 용어는 원래 디멘션 넘버(Dimension lumber: 플랫트 구법에 사용되는 구조용 제재) 중에 어느 특정의 단면을 가진 제재(2×4: 투바이포)에 대한 호칭이며, 구법을 의미하는 용어는 아니다. 2×4(투바이포)라고 하는 단어를 처음으로 사용했던 것은 「주간주택(週刊住宅)저널」의 기자로 근무했던 鵜野日出男(우노히데오)라는 인물로 추측하지만 정확히 확인된 것은 아니다. 1969년 鵜野(우노)가 처음으로 2×4(투바이포구법 혹은 공법이라고 했는지는 불분명)라는 단어를 활자화했던 것으로 추측한다.

우노(鵜野)가 2×4(투바이포)를 일본에 소개했던 것은 그가 「건재관계자(建材關係者)의 조사단」으로 참가하여 미국주택산업의 사정을 시찰하고 귀국(1969년 2월)하고 난 이후로 추측된다. 도미 전(渡美前) 우노(鵜野)는 미국의 Platform에 관심을 가지고 있었다. 마침 일본 정부 주도하에 「주택산업의 전개를 위한 조사」를 행하고 있을 때 우노(鵜野)는 주택산업의 전개과정을 건재(建材)와 건재업계(建材業界)가 어떻게 대응해 갈 것인가를 미국으로부터 배워보자는 목적에서 미국 조사에 나서게 되었다. 그는 미국을 시찰하면서 2×4(투바이포) 제재(製材)가 여러 용도로 플랫폼(Platform framing) 구법에 사용되고 있는 것을 알게 되었다.

우노가 귀국한 후, 1969년 8월 간행되었던 「미국 주택산업」(신건재신문사간新建材新聞社刊)에서 우노(鵜野)는 아직 구법(構法)이라고 하는 의미로 투바이포의 단어를 사용하지 않았지만 2×4 lumber(材木)라고 하는 단어를 사용하였다. 2×4 lumber(材木)가 여러 용도로 사용되고 있다는 것에 주목하여 우노(鵜野)는 2×4(투바이포)공법이라고 부르는 방법을 고민했던 것으로 여겨진다. 북미의 플랫폼구법에 2×4(투바이포)라고 하는 제재(製材)가 다양하게 사용되고 있다는 것을 우노(鵜野)는 강조하고 싶었던 것이다. 우노와 그의 동료기자였던 土谷福三郎(후쿠사부로우)가 처음으로 만나 투바이포구법에 대해 본격적으로 논의하기 시작했던 것은 1969년 여름이었다고 짐작된다. 참고로 일본의 국어사전에 「투바이포공법」이라는 용어는 1973년 처음 등장하였다.[87]

2) 「화조벽공법(枠組壁工法)」 용어의 유래

화조벽공법(枠組壁工法)이라고 하는 단어는 1974년 7월 기술기준 내용이 담긴 건설성고시(建設省告示)第1019号에 공포되면서 처음으로 법적효력을 가진 공식용어가 되었다. 이 고시(告示)에 의해 화조벽공법(枠組壁工法)은 오픈화가 실현된 것이다.

枠組壁工法라고 하는 단어는 1972년 7월에 일본주택협회에서 간행했던 소책자 枠組壁工法의 첫 페이지에 소개되었다. 당시 건설성에서 근무하던 카네코 유우지로우(金子勇次郎)는 다음과 같이 서술하였다.

---

87) 岩波書店刊, 「廣辭苑」, 第3版第1刷, 1973. 12. 6 의 일본 국어사전에 투바이포공법이라는 단어가 기재되기 시작했다. 일본 국어사전에 기재된 내용을 살펴보면
(ツーバイフォー工法: ①목조의 공법의 한 가지. ②북아메리카에서 도입. ③2인치 4인치의 단면의 부재를 표면적으로 사용하여 주로 벽면을 지지하는 공법, 주택 등의 소규모 건물에 사용한다. ④다른 용어로 枠組壁構法라고도 한다.)라고 기재되어 있다.

「미국과 캐나다의 일반적인 목조건축을 칭하는 데 있어, 일본에서는 2×4(투바이포)라고 급속하게 널리 인식되어 불리고 있지만 북미에서는 이 용어가 일반적으로 사용되지 않고 있다.」라고 서술했다.

1972년 당시, 건설성(建設省)에서는 화조벽공법(枠組壁工法)라는 용어를 사용하고 있었고 건축연구소에서는 화조벽구법(枠組壁構法)이라고 하는 용어를 사용하고 있어 공공기관에서조차 용어를 통일시키지 못하고 혼선을 초래하였다.

일본의 주택은 종래「재래목조주택」이라고 하는 기둥과 보로 결구된 축조구법(軸組構法)[88]이 존재하고 있었다. 벽(壁)이라고 하는 글자를 사용하게 된 것은 종래의 기둥 보로 결구된 방식이 아닌 벽(壁)으로 결구된 새로운 방식이라는 것을 확실히 강조하여 구분할 필요가 있었기에 사용되었다고 여겨진다.

2. 일본 2×4주택 공급과정

일본 투바이포 주택의 오픈화 진행에서부터 연구에 참여하였던 스기야마(杉山)는 그의 문헌[89]에서 다음과 같은 7개 단계의 공급과정을 설명하였다.

  (1) 메이지(明治: 1868-1910년) 初年 북해도 개척 당시, 미국인에 의해 북해도에 건립되던 시기

  (2) 다이쇼(大正: 1911-1924년) 中期 생활개선, 주택개량 등의 정

---

88) 軸組構法을 한국에서는 기둥 보 방식이라 일반적으로 칭하고 있다.
89) 杉山 英男・(社)日本ツーバイフォー建築協會,「安心という居住學」, 三水社, 1996.10.

책에 의해 일본인이 직접 미국으로부터 수입하였던 시기

(3) 관동대지진(關東大地震: 1923년) 직후, 주택에 내진성능(耐震性能)이 요구되어 일본인에 의해 미국으로부터 자재와 설계방법 등을 도입하였던 시기

(4) 제2차 세계대전 후(1945년), 미국이 일본에 진주군(進駐軍)의 숙소로 지었던 시기

(5) 1945~1974년, 일본의 기업이 북미의 구법의 일부를 개발하여 공업화 시스템으로 이용했던 시기(투바이포구법 오픈화 이전의 시기)

(6) 1974년 직후, 건설성(建設省)에 의해 오픈 시스템으로 구조기술에 관한 공시가 공포되었던 직후의 시기

(7) 민간의 개발에 의해 기술적 개량이 추가되어 일본화를 진행했던 시기(현재 이 시기에 포함된다)

1) 1945년 이전 도입과정

삿포로(札幌)의 시계탑과 북해도대학농학부의 축사와 곡물창고 등은 미국식의 발룬(Balloon)구법으로 지어졌다. 메이지 초기, 미국의 목조구법을 도입하여 설계 및 지도하였던 이는 주로 미국인이었다. 일본인이 어느 정도 직접 공사에 관여하였는지는 알 수 없다.

출전 左: www.hokkaidoisan.org, 右: www.welcome.city.sapporo.jp

[그림 69] 삿포로 농학교 축사와 곡물창고

삿포로 농학교 강사였던 미국인 휠러(William S. Clark (1826-1886)) 씨는 1873년에 개설되었던 개척사청(開拓使廳)으로부터 의뢰를 받아 병사(兵士)들의 가옥개량(家屋改良) 案을 제시하며 1878년 10동(棟)을 발룬구법으로 설계하였다. 삿포로농학교(札幌農學校) 창립 당시(1878년), 삿포로 농학교의 연무장[90]은 휠러가 제출한 발룬구법으로 설계된 도면과 지시서(指示書)를 기초로 개척사 공업국 영선과(開拓使工業局營繕課)에 의해 설계도가 재작성되었다. 설계를 담당한 인물은 호오헤이칸(豊平館)을 설계한 아다치키코우(安達喜幸)였다고 전해온다.[91]

---

90) 演武場: 우천 시의 연병 · 체조練兵 · 体操하는 곳으로 현재 삿포로 시계탑으로 유명하다.
91) 삿포로 시계탑 내부의 전시패널.(2005년 8월 12일)

출전 左: 시계탑 내부 전시사진, 中·右: 필자 촬영

[그림 70] 삿포로(札幌)농학교 연무장(현재의 삿포로 시계탑)

사진제공: (株)미쯔이 홈 북해도(三井ホーム北海道)

[그림 71] 크락 휠러(William S. Clark)와 아다치키코우(安達喜幸)

1909년, 미국으로부터 귀국했던 하시구찌 신스케(橋口信助)라고 하는 사람은 귀국 시 투바이포구법 목조주택과 주택건립에 필요한 여러 부품을 가지고 돌아와 양풍주택(洋風住宅)을 설계·시공하는 「아메리카 집」이라고 하는 회사를 창설했다. 이러한 수입주택 붐은 다이쇼기(大正期: 1911-1924년) 「생활개선운동」을 위해 「주택개량운동」이 있었으며 주택개량운동으로 주택의 양풍화가 유행했다고 한다.

2×4(투바이포) 주택 도입은 관동대지진 이후, 주택복구론 건축 재료 부족현상이 계속되던 때에 일본의 재래목조주택의 비내진성(非耐

震性)에 대해 불신이 증가하면서 내진성능(耐震性能)을 요구하는 주택을 외국으로부터 찾는 분위기가 일본 내에 생겨났다. 도쿄도(東京都) 죠후시(調布市) 전원에 있던 양풍의 오다테저(大館邸)는 거주자가 미국에서 유학하고 돌아와 미국식의 집을 지었다. 당시 미송(美松)을 단면 45×90㎜으로 제작하고 바닥 장선을 45㎝ 간격으로 설치하였다. 벽은 내측에 방수지를 바르고 두꺼운 종이를 못으로 고정하는 간단한 방식으로 마감했다고 한다.

미국의 어느 상사(商社)에서 근무하였던 富永初造(토미나가 하쯔조우) 씨는 1926년 귀국할 때 미국의 목조주택을 일본에 패키지로 가지고 들어왔다. 설계도와 자재는 화물선(貨物船)을 이용하였다. 그것이 현존하는 토미나가저(富永邸)이다.

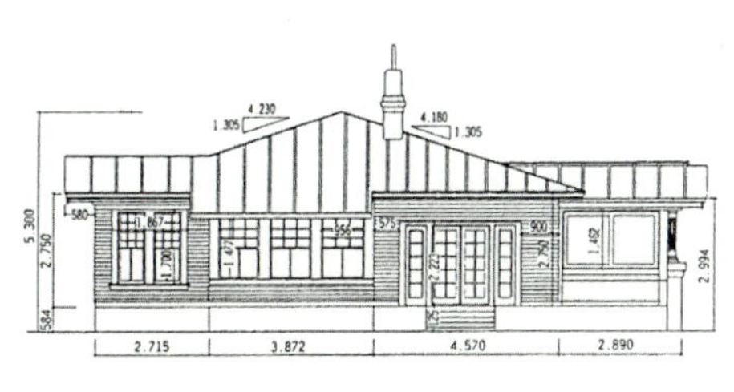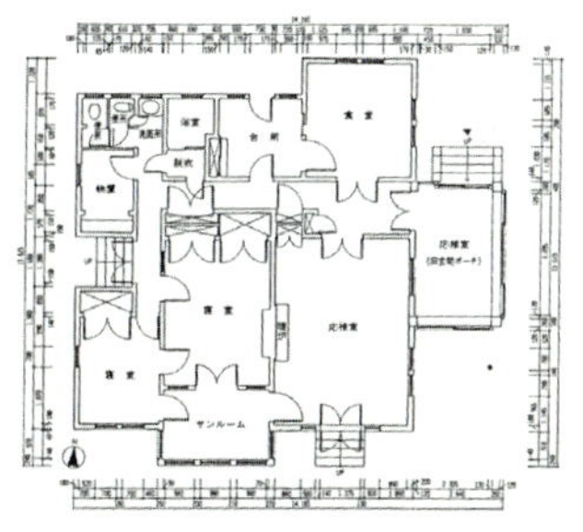

杉山英男, 「安心という住居學」, p.37

[그림 72] 旧大館邸와 富永邸

2) 1945년 이후 도입과정

1945년 2차 세계대전 직후, 진주군(進駐軍)의 숙소건설에 투바이포 구법이 도입되었다고 전해진다. 이 숙소는 일본인이 직접 설계했던 것

202

은 아니다. 전후 1965년, 일본 홈즈(株)라고 하는 회사가 미국의 디멘션 럼버(Dimension lumber: 투바이포구법용의 제재)를 이용하여 투바이포구법과 거의 흡사한 구법으로 개발하여 (財)일본건축센타에 평정(評定)을 신청했다.[92] 이 주택을 소위 「사이트 프리패브구법주택」이라 불리기도 했다. 「사이트」라는 것은 현장시공을 의미한다. 당시 주택생산방식이 공장생산되던 풍조(風潮) 속에서 일본 홈즈(株)의 현장시공방식은 프리패브 주택으로 인정받기에는 열악한 조건이었다. 일본 홈즈(株)는 이러한 취약한 생산조건을 만회하기 위해 현장에서 작업하기 전에 가공 완료된 프리컷트 재를 이용한다고 하는 특징을 부각시켜 프리패브 주택으로 인정을 요구했다.

일본 홈즈(株)와 후지다구미(藤田組)라고 하는 주택회사는 미국의 투바이포구법을 약간 변형시켜 목질프리패브주택으로 자신의 주택상품을 주택시장에 판매하였다. 이후 창립되었던 에이다이산업(永大産業)이라는 회사는 앞선 두 회사가 프리패브 주택으로 위치를 굳힌 것을 기반으로 북미로부터 직수입이 아닌 보다 투바이포구법의 원형에 가까운 형태로 인정받았다. 에이다이ＥＤ형(永大ＥＤ型)은 1969년 11월에 일본건축센타에 평정(評定)을 접수하여 1971년 3월에 건축기준법 제38조를 기초로 건설대신인정(建設大臣認定)을 받았다. 접수에서

---

92) 2×4 (투바이포)구법이 오픈화되기 이전의 투바이포 주택은 프리패브 주택과 마찬가지로 구법과 생산시스템에 대해 건축기준법 제38조의 기술기준에 의거한 평정(評定)을 거쳐 건설대신(建設大臣)의 인정(認定)을 받아야만 프리패브 주택으로 인정되어 생산이 가능하였다. 이를 평정(評定)을 해주는 기관은 (財)일본건축센타가 대행하였다. 각 기업들은 자신들이 개발한 프리패브주택을 생산 판매하기 위해서 정부가 행하는 프리패브주택으로 평정(評定)절차를 받지 않으면 안 되었다. 그래서 오픈화 이전의 투바이포 주택은 이와 같은 절차를 받아야만 생산이 가능하였다.

인정받기까지는 약 1년 4개월이 소요되었다. 그만큼 기간이 소요되었던 것은 일본건축협회에서 평정을 받고 나서 건설성이 더욱더 그 내용과 건설실적을 검토하는 데 시간이 필요했기 때문이라 한다.

에이다이(永大)하우스 ED형의 등장으로 일본에서는 투바이포구법이 처음 도입되었기에 여러 의견과 비판이 있었다. 「에이다이 하우스 ED형」 이후에도 닛토공영(日東工營)(株)의 「아메리칸 프리컷트 하우스」가 등장했다. 이 주택이 인가(認可)받은 것은 1971년이었으며 미국의 투바이포구법을 가능한 변형하지 않고 도입하려고 하였다. 동년(1971년)에 나카무라합판(中村合板)(株)의 「나푸코NP형」과 (株)사카마키상사(坂卷商社)의 「크라운 I 형」도 등장했다. 투바이포구법의 오픈화 이전에 「永大하우스 ED형」, 「아메리칸 프리컷트 하우스」, 「나푸고 NP형」, 「크라운 I 형」의 여러 투바이포구법이 이미 보급되고 있었다.

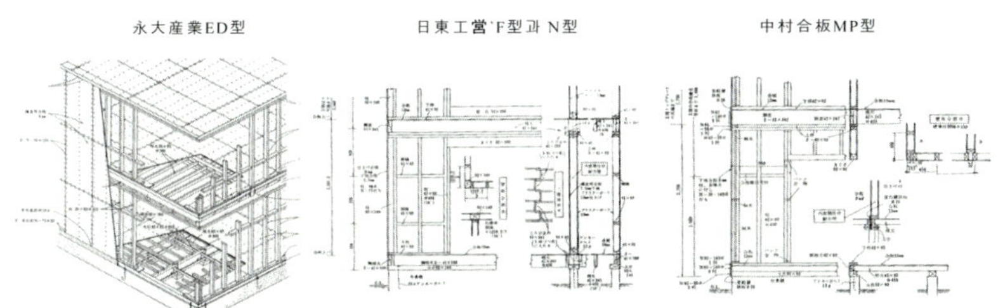

杉山英男, 「安心という住居學」, p.43, 44

[그림 73] 1971년 건축기준법 38조 인정받은 투바이포구법

3) 2×4공법 오픈화

1960년대의 고도경제성장기에 제1기 주택건설5개년계획이 1966년 7월에 결정되었다. 1970년까지 5년간 거주수준(居住水準)의 향상과 1세대 1주택의 실현을 목표로 670만 호(연평균 134만 호)의 주택을 건설하려고 하는 계획이었다.

건설성 주택국(建設省住宅局)은 제1기 주택건설5개년계획을 추진하기 위해 1966년 12월 「주택건설공업화의 기본 구상(住宅建設工業化基本構想)」을 발표했다. 이 案은 주택 건설양의 증대를 위한 건설능력 강화와 종래 건설방침의 구조적 모순으로 인한 건설비 향상을 막고 가격안정을 도모하고자 하는 데 주안점을 두었다. 결국 주택의 공업화는 주택의 대량공급과 주택가격 안정화뿐만 아니라 새로운 주택 생산방식을 도입하게 하였다.

한편 목재업계에서는 전시 중, 목재의 남벌(濫伐)에 의해 목재자원이 고갈(枯渴)되었기에 일본산 목재만으로는 공급에 한계가 있어 대량으로 외국에서 목재를 수입하였다. 목재공급 한계로 전신주나 선로의 침목(枕木) 등이 콘크리트로 교체되었다. 1960년대에 들어 대경목(大徑木)의 목재가 싼 가격으로 대량 수입되었다. 일부 목재업자들은 수입목의 대량 유입으로 「외재(外材) 습격」이라는 단어를 사용하기도 하였다.

그러나 문제는 종래 재래목조주택을 시공할 때 종래 구조재로 심지재(芯持材)[93]를 사용하였던 습관으로 외재(外材)까지도 심지재로 사

---

93) 심지재(芯持材)란, 수심(樹心: 연륜의 중심 부분)을 포함하고 있는 목재. 심지재는 심거재(수심을 포함하고 있지 않는 목재)보다 강도가 크고 휘어짐이나 뒤틀림이 적기

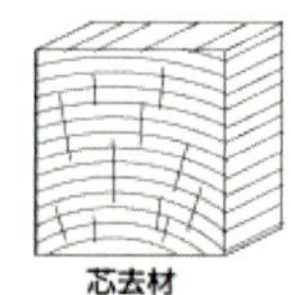

용하는 예가 많았다. 하지만 외재는 심지재가 구조재로 적합하지 않은 경우가 더러 있어 외재 사용에 걸맞은 새로운 공법이 요구되었다.

이러한 상황에 1969년 1월, 주택의 건재관계자(建材關係者)를 중심으로 아메리카의 주택시찰단(住宅視察團)이 구성되어 당시 미국주택의 현상이 보고되었다. 이 시찰보고서를 토대로 같은 해 가을, 관민 합동 대조사단이 미국을 방문했다. 이 조사단은 미국 홈빌더 협회(NAHB: 全美홈빌더협회)의 존재를 알리고 미국 투바이포공법을 주목하였다. 투바이포공법은 아주 합리적인 생산시스템이었기에 이 공법을 일본에 도입할 경우 주택성능이 우수하고 가격이 저렴하여 널리 보급되리라 기대되었다.

미국의 주택산업이 일본의 매스컴을 통해 알려지는 것과 동시에 주택산업 붐이 일어났다. 각 잡지에서도 주택산업을 특집으로 게재하였다. 또한 도시은행(都市銀行)들이 앞 다퉈 주택산업 실태조사를 행하는 등 차츰 사회적으로 주택산업이 주목받기 시작했다.

(1) 특인시대 (特認時代)

투바이포공법이 오픈되기 이전에는 건축기준법 제38조의 인정을 받아야만 건설이 가능하였다. 이 시대를 투바이포의 特認時代라고 한다. 38조 인정취득은 永大하우스ED형을 시작으로 계속해서 각각 6개 업체로 이루어졌다. 또 투바이포공법의 오픈화가 진행 중이던 1974년 4월에도 새로이 6개[94]의 업체가 추가로 인정을 취득했다.

때문에 일반적으로 토대·기둥·보 등의 주요 구조재 등은 심지재가 이용된다.
(출전: http://www.homepro.co.jp)

(2) 투바이포공법의 오픈화

투바이포공법이 오픈된 배경으로 투바이포공법이 가지고 있는 가장 큰 특징은 합리성이다. 또 미국의 정치적 압력도 있었다. 행정가는 오픈화에 대한 필요성이 인식되면서 1972년경부터 오픈화가 불거져 나왔다. 건설성에서 1972년 7월에 「목조주택건설의 합리화」라고 하는 문서가 나왔다. 또 캐나다 측에서는 캐나다산의 풍부한 목재수출을 위해 투바이포 제재(製材)를 규격으로 채용해 달라고 일본 정부에 요청해 왔다. 이러한 요구에 의해 (財)일본건축센터에 설치되었던 화조벽공법기술위원회(枠組壁工法技術委員會)에서는 기술기준의 원안(原案)을 작성하기 시작하였다.

캐나다 정부 및 COFI는 일본의 투바이포공법의 오픈화를 위해 일본 측에 몇 가지 제안했었는데 그 내용은 다음과 같다.

①캐나다에서 일본으로 전문가 파견,

②일본 내 홍보운동,

③일본 관계자의 캐나다 파견,

④기술·기능자 연수 및 훈련 실시

이러한 제안을 바탕으로 1973년에 일본주재 캐나다 대사관에서는 투바이포공법의 주택을 동경 캐나다 대사관용지에 건설하고 홍보용 기술자 교육 전문가를 일본에 파견하여 일본 관계자에 대해 연수를

---

94) 6개의 회사가 인정받았던 주택상품명은 다음과 같다.
　① 나푸코홈 NP형,　② 크라운하우스I형,　③ 토요새시 GL시스템 하우스 I형,　④ 日東工營 마메리칸프리컷트 하우스,　⑤ 일본 홈즈 PH형, ⑥ 永大하우스 ED형, NED형

대사관에서 개최하였다.

이러한 운동이 진행되는 중에, 1973년 10월 제1차 오일쇼크가 발발하여 자원 내셔널리즘이 생겨났다. 캐나다는 원목의 수출을 금지시키고 제재품만 수출을 허가했다. 또 미국은 원목을 수출하고 있는 업자에 대해 공유림에 대한 벌채권을 갖지 못하도록 하였다. 이것은 목조주택업계에 있어서는 럼버(lumber) 쇼크라고도 한다. 외재의존도(外材依存度)가 높은 일본에서는 수입재의 대부분을 북미재(北美材)에 의존하고 있던 당시에 구조재가 원목이 아닌 투바이포 디멘션 럼버(Dimension lumber)로 수입될 경우 일본주택산업에 큰 영향을 미치게 되는 것은 당연한 것이었다. 이런 면에서도 일본은 주택공법 전환이 필요하였다. 캐나다 및 미국 측으로부터 투바이포 오픈화에 대한 요청도 있었다.

일본은 당시 이러한 국내외 사정으로 투바이포 관계자의 오픈화에 대한 의욕과 행정가의 투바이포공법 오픈화에 대한 필요성이 인식되면서 기술기준규정을 급속히 진행시켰다. 결국 1974년 7월 27일 건설성고시(建設省告示) 제1019호 「枠組壁工法技術基準」이 공포되면서 투바이포공법은 오픈되었다. 이로써 투바이포 주택은 새로운 전기(轉機)를 맞이하게 되었다.[95]

3. 근년 2×4주택 공급현황

1974년 주택생산에 있어 합리화와 근대화의 자극제가 될 것이라는 판단에 오픈화되었던 2×4 주택은 당시 착공 수가 수백 동에 지나지

---

95) 日本ツーバイフォー建築協會, 「十年の歩み」, 1986.11.

않았으나 매년 상승하여 2006년에 10만 호(105,390호로 2005년에 비해 10%증가)를 넘어섰다.

1995년 7월 1일의 한신·고베 (阪神·神戸) 대지진 이후, 투바이포 주택의 내진성이 인지되어 전국적으로 급성장하였다. 1996년에는 착공 수가 93,693호로 전 주택의 5.7%를 차지하였다. 1997년 소비세율의 인상으로 주택착공 수가 전체적으로 감소 정체하였다. 투바이포 주택도 이 시기 착공호수가 침체했었지만 2002년도에 다시 증가하여 현재까지 계속 증가하고 있다. 이처럼 투바이포 주택이 계속해서 증가하고 있는 요인으로는 투바이포공법이 가지고 있는 내진·내화성능이 높다고 하는 인식과 분양주택이나 임대주택 등에서 대량으로 저가로 공급되면서 착공 수가 상승하였다.[96]

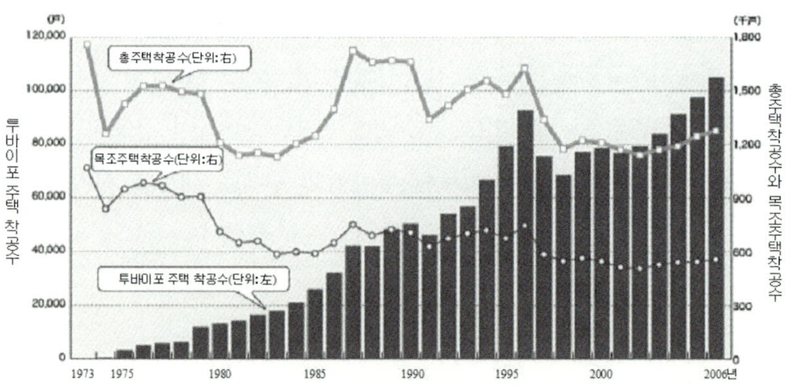

[그림 74] 2×4주택 착공 수 추이(推移)

---

96) 일본 투바이포 건축협회 홈페이지.(http://www.2x4assoc.or.jp)

2005년도의 2×4주택의 공급현황을 지역별로 살펴보면[97] 투바이포 주택은 도쿄(신축주택의 15% 이상)를 비롯하여 카나가와(神奈川), 치바(千葉), 사이타마(埼玉) 등 수도권에 전체 신축주택의 10% 이상 공급되었으며 북해도(北海道)에서 15% 이상 공급되고 있다. 2003년도 자료에도 도쿄(東京)와 홋카이도(北海道)가 15% 이상으로 다른 지역에 비해 2×4주택 공급률이 높게 나타났다. 이러한 이유는 도쿄를 중심으로 저가의 2×4주택을 위클리 맨션이나 임대주택에 집중적으로 대량 공급된 것과 홋카이도(北海道)를 중심으로 2×4주택이 추위에 적합한 주택이라는 인식이 적중하여 양산(量産)한 것으로 여겨진다.[98]

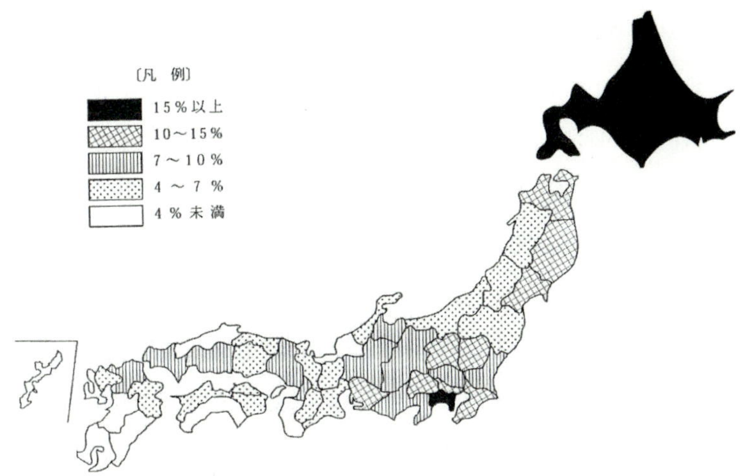

[그림 75] 2003년 2×4주택의 착공률 분포도

---

97) 일본 투바이포 건축협회(日本ツーバイフォー建築協會)로부터 제공 자료.
98) 安國鎭, 「2×4住宅の地域性に關する研究 -北米・アジアを中心に」, 坪井記念研究助成事業報告書, 2006.4.

4. 일본 2×4주택 공급업체 분포현황[99]

지난 2005년 일본 전국 2×4주택조사를 통해 알게 된 것으로 대규모 2×4주택회사는 도쿄에 밀집해 있었다. 동일한 공업화주택인 프리패브 주택회사와 비교하여 보았을 때 2×4주택회사가 도쿄에 밀집해 있는 이유에 대해 이 장에서 간략히 서술해 보고자 한다.

프리패브 주택공급 업체는 앞서 설명하였듯이 건축기준법 38조의 인정을 받아야만 주택건립이 가능하다. 프리패브 주택 기업은 독자적인 기술을 가지고 있어야 하는 것은 물론이고 말 그대로 양산할 수 있는 대규모 공장이나 설비가 갖추어져 있어야만 프리패브 주택으로 인정받을 수 있다. 이러한 이유로 프리패브 주택 기업은 공장부지 매입에서부터 공장건립 및 기계 설비 등의 시설을 갖추는 데 상당한 초기비용이 들어간다.

하지만 2×4주택공급 업체는 1974년 오픈되면서 프리패브 주택처럼 인정절차를 밟지 않고도 쉽게 2×4주택회사를 설립할 수 있게 되었다. 즉 대규모의 공장이나 자신만의 독특한 기술력 없이도 회사를 설립할 수 있다는 것이다.

현재의 프리패브 주택 기업들은 건자재(建資材) 유통업을 통해 처음 주택시장에 뛰어든 기업들이 많은데 이들은 일정 이상의 자본력을 갖추게 되면 프리패브 주택공급 업체로 전환하는 경우가 많았다. 그래서 종래부터 건자재업자가 밀집해 있던 오사카(大阪)를 중심으로 1960년대에 프리패브 주택 기업이 생겨난 경우가 많다.

2×4주택은 1974년 오픈되면서 당시 설비투자나 신기술개발이 필요

---

99) 4장은 다음의 보고서를 주로 참고하였다.
安國鎭, 「2×4住宅の地域性に關する研究 -北米・アジアを中心に」, 坪井記念研究助成事業報告書, 2006.4..

없는 신주택으로 인식되었다. 뒤늦게 주택시장에 뛰어든 후발 주택공급 업자들에게는 2×4주택이 주택시장에 경쟁력 있는 주택이라 인식되어 이들은 초기비용을 들이지 않고 별 부담 없이 회사를 설립하였다. 그러나 새롭게 창립하려고 하는 회사에게는 관서(關西)에 본사를 두고 있는 초대형 프리패브 기업들이 막대한 자본력과 두터운 수요자 층을 형성하고 있어 버거운 상대였다. 그래서 이들은 관서(關西)를 피해 주택수요가 많은 관동(關東)이라면 경쟁 가능성 있다는 판단에 도쿄에 2×4주택회사를 세웠던 것으로 추측된다.

도쿄(東京)에는 미쯔이(三井)홈, 東急(토큐)홈 등의 2×4주택을 공급하는 업체의 본사가 많고 오사카(大阪)에는 세키스이(積水)하우스, 다이와(大和)하우스 등의 프리패브 주택을 공급하는 업체의 본사가 많다. 2×4주택 공급업체들은 수도권의 수요자를 겨냥한 주택상품을 내놓고 판매하고 있다. 3장에서 살펴보았듯이 2×4주택의 공급비율이 도쿄에 높게 나타난 것도 이러한 이유라고 생각된다.

◗ 참고문헌

杉山 英男,「安心という居住學」, 三水社, 1996.10

安國鎭,「２×４住宅の地域性に關する研究 －北米・アジアを中心に」, 坪井
　　　記念研究助成事業報告書, 2006.4

安國鎭, 松村 秀一,「北米とアジアにおける２×４木造住宅の建築法規に關
　　　する研究」, 日本建築學會學術講演梗概集, 2006.8

日本ツーバイフォー建築協會,「十年の歩み」, 1986,11

渡辺 繪里子,「北米木質構法の革新と在來化に關する研究」, 東大修士論文,
　　　1997

제 6 장
일본 목재유통의 실태와 전개

1. 머리말

일본은 古來로부터 건축용 목재로 주로 삼나무(杉·스기)와 회나무(檜·히노키)를 사용해 왔다. 아키야마(秋山), 미야자키(宮崎), 요시노(吉野) 등의 지역이 삼나무(杉·스기) 산지로도 잘 알려져 있다. 현재 일본은 거의 대부분의 목재를 외국에서 수입해 오고 있다. 그렇다고 일본에 목재가 없는 것은 아니고 전국의 산에

[그림 76] 삼림산지(森林産地)와 熊野

는 삼나무와 회나무로 가득하다. 일본은 매년 100만 동 이상의 주택착공 중에 약 50만 동을 목조주택으로 짓고 있으면서 왜 자원이 풍부한 자국의 목재를 사용하지 않고 외국에서 목재를 수입해 오고 있는지, 자원 활용이라는 측면에서 생각해 보지 않을 수 없다.

2006년 7월 말, 삼나무(杉·스기)의 산지인 요시노(吉野)에서 약간 떨어진 미에켄(三重縣) 쿠마노(熊野)라는 곳에서 삼림보존(森林保存)과 활용(活用)이라는 테마로 워크숍에 참가한 적이 있다. 그곳에서 지

역주민과 「삼림자원 활용과 지역경제 활성화」에 대해 토론하였다. 과거 고도 경제성장기에 벌채와 목재가공 등으로 호황을 누렸던 쿠마노(熊野)지역은 현재 대부분의 목재소가 문을 닫았다. 사유림(私有林)은 삼림(森林)자원의 육성을 위해 어느 일정한 시기가 되면 벌목 등의 작업을 하지만 현재 인건비 상승 등의 이유로 속수무책으로 있어 삼림(森林)은 차츰 훼손되어 가고 있는 실정이었다. 이 지역은 한때 목재산업 발달로 활기가 있었지만 지금은 지역경제의 낙후로 젊은이들은 떠나가고 예전부터 거주했던 이들이 지금은 대부분 고령자가 되어 이곳에 남아 거주하고 있다.[100] 이러한 모습은 한국의 농촌 풍경과 비슷하다.

[그림 77] 쿠마노(熊野)의 삼림(森林)

일본은 지역경제의 침체를 막고 균형 있는 발전을 위해 국산재 활용을 위해 여러 대안을 내놓고 있다. 사유림을 소유하고 있는 스미토모린교(住友林業)라는 대규모 주택회사와 중·소규모 공무점은 국산재와 지역재를 활용한 새로운 구법과 기술을 개발하고 있다. 일본의 재래목조주택뿐만 아니라 수입주택까지도 국산재를 이용하자는 움직

---

100) 安國鎭, 「家屋から見た熊野」, ASIA21報告書, 2006.

임이 시작되었다. 학계에서는 주로 농학계(農學系)에서 최근 수입주택에 삼나무(杉)와 회나무(檜)를 적용시키기 위한 목질실험을 지속하고 있다.

근년 중국에서는 수입목조주택에 있어 값싼 자국의 노동인력의 장점을 살려 중국산의 목재를 수입목조주택에 활용하려고 하는 연구를 국가 주도로 국립 임업과학연구원(林業科學研究院)에서 실시하고 있다. 이 연구소는 일본의 모 사기업체와 공동으로 몇 년째 목재강도 실험을 추진하고 있는 중이다.[101]

한국은 삼림면적이 6,400천ha로 전국토의 64.4%를 차지하고 있다. 임목 축적량은 489,061천㎥이며 ha당 76㎥로 적다. 현재 한국 목재공급량은 국산재가 약 6%이며 수입재가 약 94%로 대부분을 수입에 의존하고 있다.[102] 이유로서, 목조주택 안에 90% 정도가 2×4 수입주택이며 그 재료로서 국산재가 아직 인정되지 않아 주로 북미로부터 제재를 조달하고 있기 때문이다.

이러한 변화 속에 주변 일본의 사례를 들어 목조주택시장에 목재공급과정과 유통실태를 정리하여 한국 목조주택시장 형성과 발전에 도움이 되었으면 한다.

---

101) 2005년 11월 3일 북경 임업과학원(林業科學院) 방문, 목재성질연구실(木材性質研究室)의 Yin Yafang 박사와 David Chow 박사와의 인터뷰 메모.
102) 삼림청 홈페이지 http://www.foa.go.kr/
安國鎭, 「韓國における木造住宅の供給實態 (Ⅱ)住宅資材の流通狀況」, 木材情報, 2007.3 재인용.

2. 세계 최대 목재 수출입 국가

1) 세계 최대 목재 수출국가 (2005년)

원목의 수출량은 세계 전체로 2005년 1억2855만㎥이지만 1995년(1억3135만㎥)에 비해 2% 감소했다. 2005년 원목 수출량은 러시아가 가장 많은 4800만㎥(37%), 그다음에 미국 982만㎥(8%)이다. 1995년에 미국 2100만㎥, 구소련 1996년의 자료이지만 2245만㎥인 것으로 미국의 감소와 러시아의 증가를 알 수 있다.

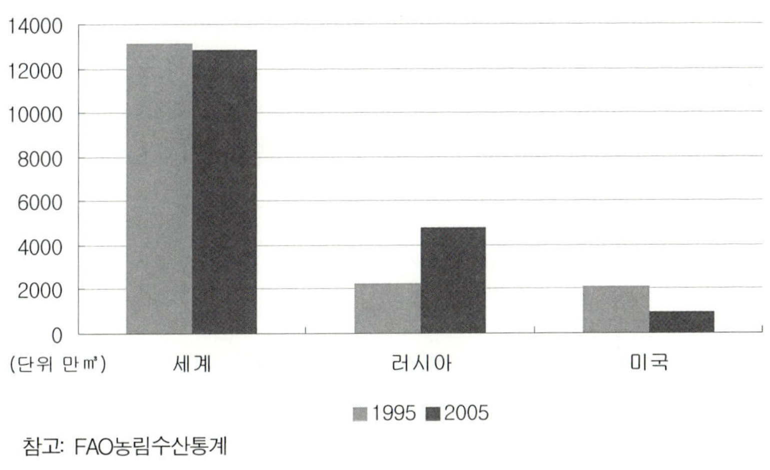

참고: FAO농림수산통계

[그림 78] 세계 원목 수출국가 순위별

제재 수출량은 세계 전체 13489만㎥(2005년 기준)이다. 그중에 캐나다가 4118만㎥(31%), 러시아 1540만㎥(11%), 스웨덴 119만㎥(9%), 핀란드 766만㎥(6%), 오스트리아 645만㎥(5%)로, 이 5개국에서 62%

의 점유율을 나타내고 있다. 유럽지역에서는 1995년 수출량이 스웨덴 1068만㎥, 핀란드 738만㎥로 오스트리아 466만㎥이었던 것으로 오스트리아의 수출량이 눈에 띄게 증가하였다.

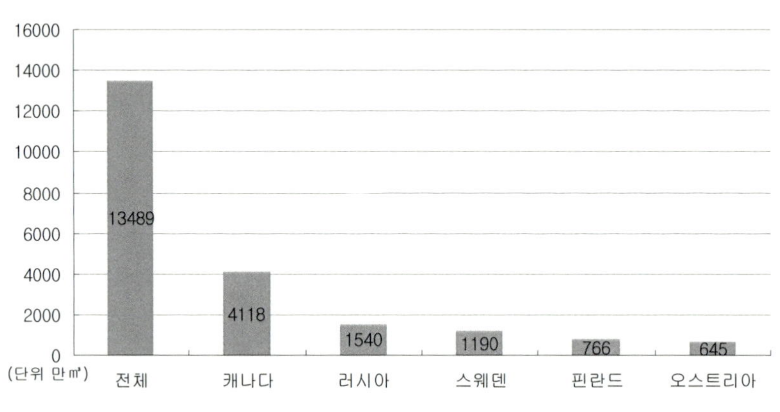

참고: FAO농림수산통계

[그림 79] 세계 제재 수출량 국가 순위별 2005년

2) 세계 최대 목재 수입국가 (2005년)

원목 수입량은 세계에서 1억2901만㎥(2005년 기준)이지만 최대의 원목 수입국은 중국으로 2764만㎥(21%), 핀란드 1603(12%), 일본 1268(10%)이다. 특히 중국이 최근 세계 1위의 원목 수입국으로 되었다.

침엽수 제재는 세계에서 1억494만㎥를 수입되고 있지만 최대 수입국은 미국으로 4186만㎥(40%), 일본 855만㎥(8%)이다. 광엽수 제재는 중국이 536만㎥(20%)를 차지하고 있다. 중국이 최근 모든 목재 제품의 수입을 급속히 확대하고 있다.[103]

---

103) 秋山好臣, 「世界市場における木材需給の構造変化と國産材時代および新

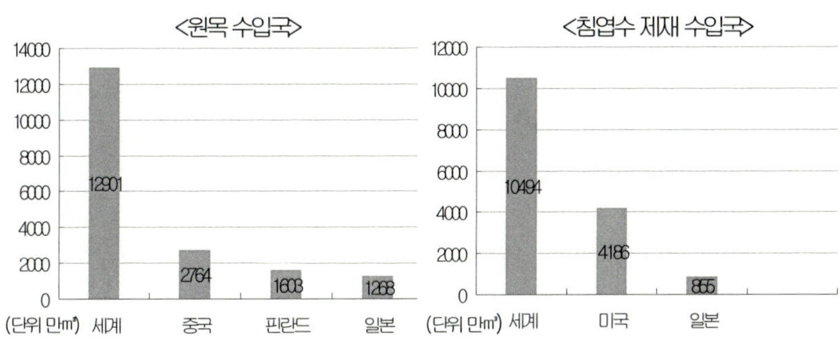

참고: FAO농림수산통계

[그림 80] 세계 원목과 제재 수입국 순위별 2005년

2004년 자료에 의하면 목재 칩은 세계에서 3608만㎥를 수입하고 있다. 최대 수입국은 일본으로 1829만㎥(51%)로 세계의 절반 이상을 수입하였다.

3. 일본 삼림자원과 목재공급 현황

1) 일본 삼림자원 현황

일본의 삼림은 2차 세계대전 중 군수물자 조달로 과도한 벌채(伐採)와 2차 세계대전 후 대량주택복구 사업 등으로 목재의 수요가 급증하여 삼림은 황폐해졌다. 1948년 당시, 산에는 나무가 없어 홍수가 빈번하였다. 이로 국토 녹화(綠化)에 필요성을 느끼게 되어 1950년 전국 식목일의 시작인 「국토 녹화대회」가 개최되었다. 이를 계기로 조림

生産システムについて」, 調査と情報, 2007.3 재인용.

220

(造林)에 대한 관심이 높아져 수년 후인 1956년 150ha(현 삼림면적의 6%수준)의 조림이 완성되었다. 그 후 고도 경제성장기에 들어서 목재 수요가 급증하면서 목재 가격도 상승했다. 하지만 당시 목재수요의 증가로 비싼 운송비를 들여서라도 외국산의 목재를 수입해 오지 않으면 안 되었다. 1963년 미재, 구소련재, 남양재가 일본에 대량공급되어 일본산 목재의 자급률은 약 20%를 계속 밑도는 상황이 계속되고 있다.104) (그림 8, 일본 목재 수급량의 변화)

일본의 삼림(森林)면적은 약 25,000천ha로 전국 면적의 3분의 2를 차지하고 있다. 이 면적은 앞서 설명했던 한국 삼림면적의 약 4배 규모이다. 2004년의 자료를 보면 삼림 중 인공림이 약 10,000천ha로 산림면적의 약 40%를 차지하고 있다. 삼림의 축적은 39억㎥로 최근 25년간에 1.8배 증가했다. 이러한 삼림의 증가는 인공림의 성장에 의한 것이 주 원인으로 작용하고 있으며 최근 연간 64,000천㎥씩 증가하고 있다.105)

일본에서 벌채가 가능한 수목 연령 46년 이상의 삼림의 비율은 약 20%를 차지하고 있다. 아래 그래프를 보면 알 수 있듯이 31년생에서 45년생의 면적이 제일 많다. 이러한 인공림에 대해서는 간벌을 실시할 필요가 있고 거기서 나온 간벌재는 이용이 가능하다.

---

104) 秋山好臣, 전게서.
105) 2004年度森林·林業百書.

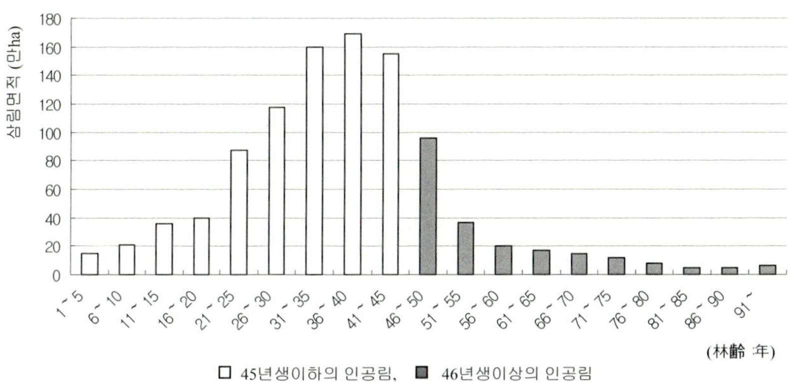

자료: 2004年度森林·林業百書

[그림 81] 일본 인공림의 삼림연령별 면적

일본에서는 인공림의 수종으로는 삼나무(杉·스기)가 44%, 회나무 (檜·히노키)가 25%로, 이 두 수종이 약 70%를 차지하고 있으며 주로 건축자재로 사용되고 있다.

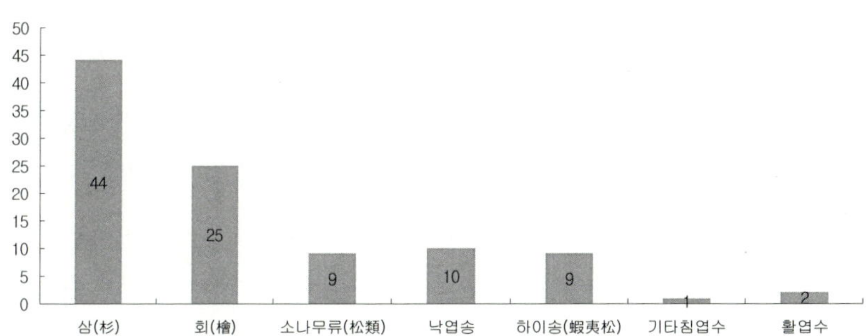

자료: 2004年度森林·林業百書

[그림 82] 일본 인공림의 수종구성(면적비: 단위 %)

2) 일본 목재공급 현황

1950년대까지만 하더라도 일본 목재시장의 90%는 일본자국의 목재였다. 1960년대의 고도 경제성장기 이후, 많은 목재를 외국에서 매입하여 조달해 왔다. 1970년대에 주택건설 붐을 거쳐 2차 오일쇼크 후의 불황으로 주춤하던 경기가 1980년 후반 부동산을 시작으로 버블경제 영향으로 활기를 찾으면서 대량으로 목재를 다시 수입하였다. 1990년 이후, 유럽재의 수입이 증가하였다. 유럽재 수입증가의 원인은 당시 환경문제에 의한 남양재나 미재 가격의 폭등, 이른바 1992~93년의 「우드쇼크」이다. 미국에서 마다라후크로우 문제[106]로 미국 내 벌채량이 감소하여 미국산 원목이나 제재의 대일(對日) 수출가격이 급격히 상승했다. 이에 따라 일본의 일부 목재 수입업자, 상사(商社), 대기업 주택회사는 북미산 목재의 수입을 포기하고 유럽산 제재를 매입하였다. 유럽제재품의 수입량은 1993년 254천㎥이었지만 2005년에는 2,873천㎥로 10여 년 만에 10배 이상 증가하였다.

1990년대 일본은 중국의 동북 대흥연령(大興安嶺) 산맥과 서남부의 운남성(雲南省), 사천성(四川省) 등지에서 천연림을 조달해 왔었다. 하지만 1998년 양자강 대홍수로 인해 중국 임업국은 「천연림에 대해 전면 벌채 금지령」을 내렸다. 또한 2008년 북경 올림픽을 준비하고 있는 중국은 근년 고도경제성장으로 목재공급량이 부족하여 외국에서

---

106) 미국서부지역 국유림에 마다라후크로우가 서식하고 있었는데 삼림벌채에 의해 멸종 위기에 놓여 생식지 내에서의 벌채를 영구적으로 금지시켰다. 이로 인해 벌채량이 급감하여 급격한 실업난이 발생했다.
(참고: 前田大輝, 「林業資源の構造変化が素材生産業者に及ぼした影響 － 1990年代におけるアメリカオレゴン州を事例として-」, 林業経済研究, 2006.6.1 세미나 발표 자료)

목재를 수입하고 있는 실정이다. 이러한 사정으로 일본은 기존에 중국에서 천연목을 조달해 오던 것을 중국과 지리적 요인도 비슷한 러시아재를 대량 수입하고 있다. 2001년에는 8,227천㎥의 러시아재(북양재)를 수입하였다.[107]

2003년경부터 사우디아라비아, 이스라엘, 이란, 터키 등 중동의 제재목에 대한 수입량이 계속 증가하고 있다. 쿠웨이트에서는 제재목뿐만 아니라 합판도 수입해 오고 있다.

반면 일본 국내산 목재는 공급력이 불안정하여 외국산의 목재공급에 점차 밀려나 1980년을 피크로 목재시장에서 일본산 목재가격이 장기적으로 떨어지기 시작한다. 이로 인해 삼나무(杉, 스키)는 「세계에서 가장 싼 목재」로 되어버렸다. 일본의 목재 수급량은 지금까지 1억㎥ 전후로 추정하고 있지만 1998년 이후 주택수요가 줄어들면서 9천만㎥ 대를 유지하고 있다.

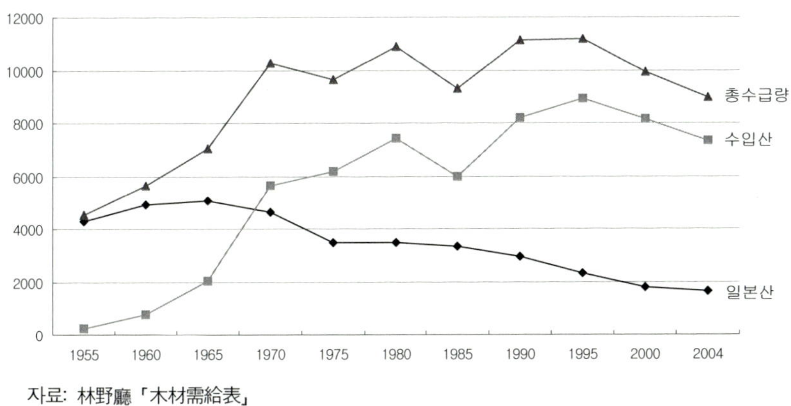

자료: 林野廳 「木材需給表」

[그림 83] 일본 목재 수급량의 변화 (단위: 만 m³)

---

107) 秋山好臣, 전게서.

2004년 일본 전국 목재의 수요량이 약 80,980천㎥로 되어 있다. 수급 동향을 지역별로 보면, 일본 국산재가 약 18.4%, 미국과 캐나다산의 침엽수 원목과 제재목이 20.1%, 말레이시아와 인도네시아산 활엽수의 원목 합판 및 제품 등의 남양재가 12.7%, 러시아 침엽수 원목으로 북양재(北洋材)[108]와 낙엽송(당송唐松·카라마쯔) 등이 9.5%, 유럽에서 집성재 원료인 래미너(laminated timber) 재목(材木) 등을 7% 수입하고 있다.

아래의 그래프를 보면 캐나다가 일본에 있어 최대 목재수입국임을 알 수 있다. 근년 목재 수출입 동향을 정리해 보면, 북유럽 핀란드 등지에서의 목재수입량이 증가했고 러시아의 낙엽송을 수입하여 일본에서 합판을 제작하여 사용하고 있다. 중국 목재는 바닥 마감재로 해서 수입량이 다소 증가하고 있다. 근년 미국·캐나다로부터의 수입량은 감소하고 있는 반면 북유럽, 러시아, 오스트레일리아·뉴질랜드로부터 수입량이 증가하고 있다.[109]

---

108) 북양재란 남양재에 대응하는 말로서 북미재를 포함하고 있지만 보통은 러시아의 연해주 및 사할린에서 나오는 가문비나무 , 사할린젓나무, 잎갈나무류, 구주적송 등 침엽수의 총칭이며 일부 펄프용재로 이용되는 자작나무류 외에 약간의 활엽수를 포함하여 이르는 말이다.
일본은 러시아와 오래전부터 거래가 시작하였으나 한국은 러시아와 외교관계가 없어 북양재의 수입이 제한되었다. 한국은 1982년 9월 북양재 수입을 승인하기 이전까지는 제3국을 통해 간접적으로 소량으로 수입했었다. 아직까지 북양재에 관한 자료가 불충분하여 수입량이 많은 일본의 자료를 참고하고 있는 실정이다.
(참고: http://kr.blog.yahoo.com/sycoli2003/651.html)
109) 아래의 목자재 유통관련 담당자들과의 인터뷰 메모.
2005년 7월 25일, 橋本 道明(輸入住宅産業協議會 事務局次長)
2005년 8월 31일, 津田産業의 中島 喜生(住宅資材部 課長), 山崎 榮司(海外業務室)

자료: 財務省「貿易統計」

[그림 84] 일본 내 목재 조달 지역의 비율

2004년 건축에 사용되고 있는 목재 수급량을 비교해 보면, 제재(39%), 펄프와 칩(42%),110) 합판(16%), 기타(3%)로, 제재와 펄프·칩이 약 80%를 차지하고 있다.

또한 근년 10년간의 목재수입량을 살펴보면, 원목 수입량이 가장 많고 집성재 수입량이 가장 적지만 원목의 수입량은 점차 줄어든 반면 합판과 집성재의 수입량이 조금씩 증가하고 있는 것을 알 수 있다. 이러한 요인은 주택에 차츰 합판과 집성재의 도입이 증가하고 있는 것과 결부된다.

---

110) 목재 칩이란, 목재를 기계로 잘게 칩 형태로 만든 것을 말한다. 칩은 주로 종이의 원료로 이용되고 있지만 지면에 깔아 쿠션의 역할을 위해 최근에 공원의 산책길이나 경주마용의 트랙 등에 까는 사례도 있다. 또 한 녹화수 등의 주위에 깔고 잡초가 나지 않게 하는 피복재나 배수 기 능을 높이기 위해 지하 배수로(地下排水路)에 이용하는 사례도 있다. 나무를 작은 칩으로 잘게 배향시켜 섬유방향과 직교하도록 층을 두어 만든 구조용 보드를 OSB(Oriented Strand Board)라고 하는데 칩이 OSB 보드에 사용되는 경우도 있다.

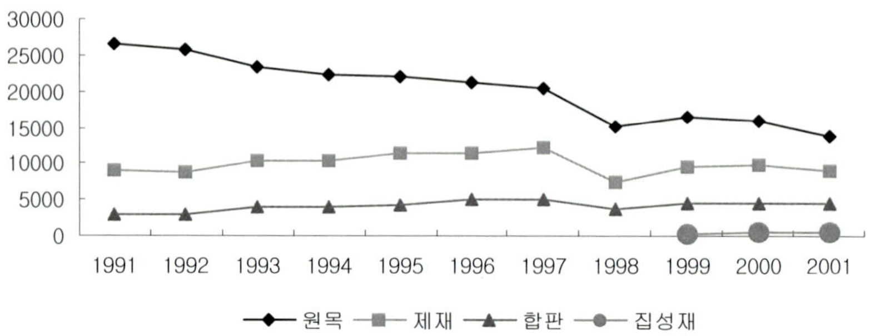

자료: 財務省,「貿易統計」

[그림 85] 목재수입량 (단위: 千 m³)

다음으로 원목, 제재, 합판, 집성재의 4가지 목재수입량의 변화를
수입처별로 비교해 보면 다음과 같다. 원목의 수입량은 전체적으로 감
소하고 있다. 그중 남양재가 가장 급격히 감소하고 있는 반면 뉴질랜
드재가 조금씩 증가하고 있다.

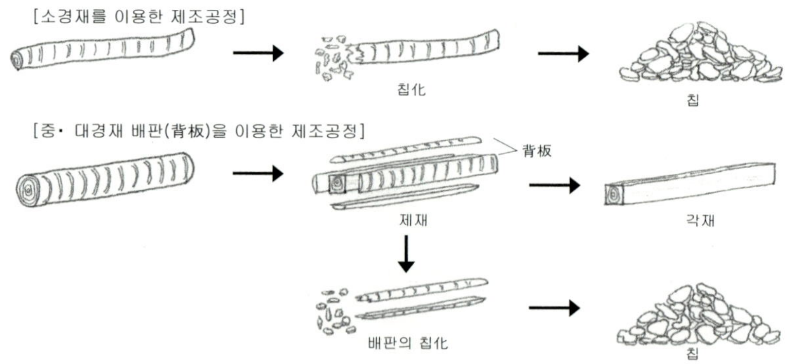

[그림 86] 칩 제조공정

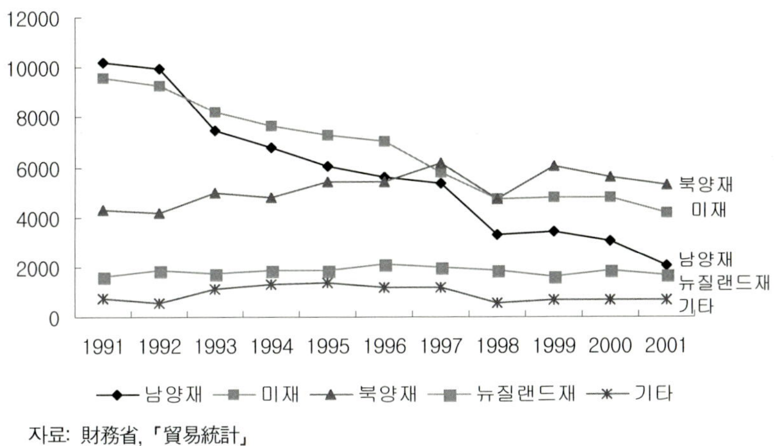

자료: 財務省, 「貿易統計」

[그림 87] 원목 수입량의 변화 (단위: 千 m³)

제재의 수입량은 미재 가격상승으로 수입량이 대폭 감소하였다. 그 대신 캐나다산의 SPF(Spruce pine fir)재[111]를 수입하여 2×4럼버 (lumber)재로 사용하고 있다. 아래의 그래프를 보면 기타라고 표기되어 있는 선이 다소 큰 폭으로 증가하고 있는데 이는 유럽에서 고급 자재를 수입하여 재래목조주택에 공급되고 있는 제재로 수입량이 상승한 것으로 판단된다.[112] 북양재도 작은 폭이지만 꾸준히 증가하고 있다.

---

111) SPF(Spruce pine fir): 캐나다 BC주에 주로 해서 내륙부에 생산하는 소나무, 전나무류를 총칭한다. 비교적 소경재로 투바이포 주택용 자재로 활용되고 있다. (참고: 「木材用語さんぽ」)
112) 安藤直人(現, 동경대 농과대학 목질재료학 교수) 2005년 6월 21일, 인터뷰 내용 메모.

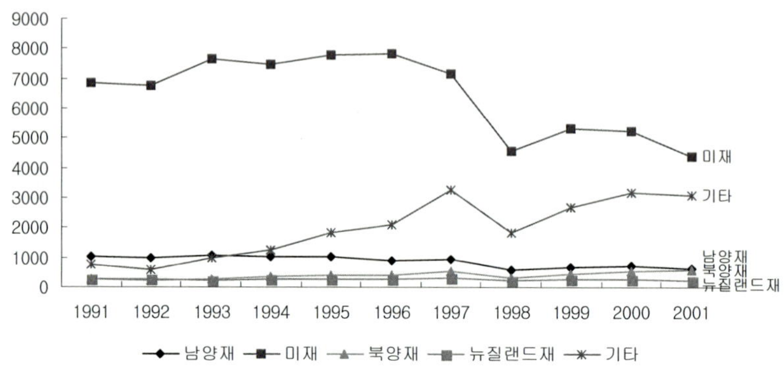

자료: 財務省, 「貿易統計」

[그림 88] 제재 수입량의 변화 (단위: 千 m³)

합판의 수입량 변화는 인도네시아產이 줄어들고 말레시아產의 합판 수입이 증가하고 있다.

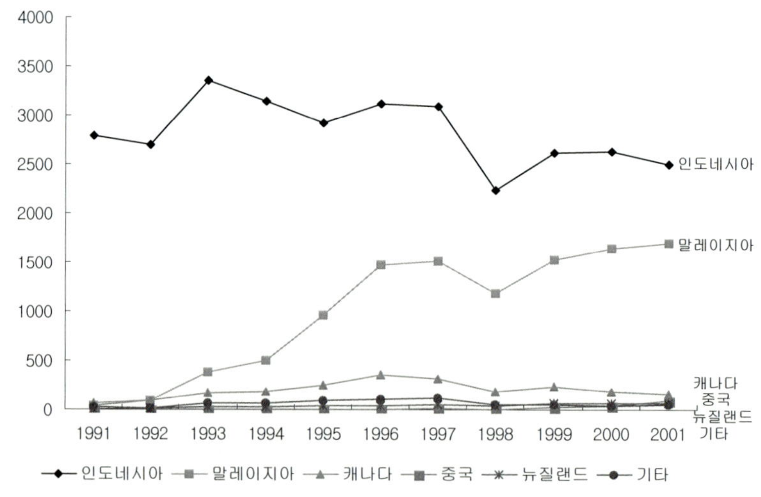

자료: 財務省, 「貿易統計」

[그림 89] 합판 수입량의 변화 (단위: 千 m³)

집성재는 꾸준히 증가하고 있지만 수입량은 적은 수치이다. 집성재
는 독일, 핀란드, 오스트리아 등 주로 유럽과 중국에서 일부 수입되고
있다.

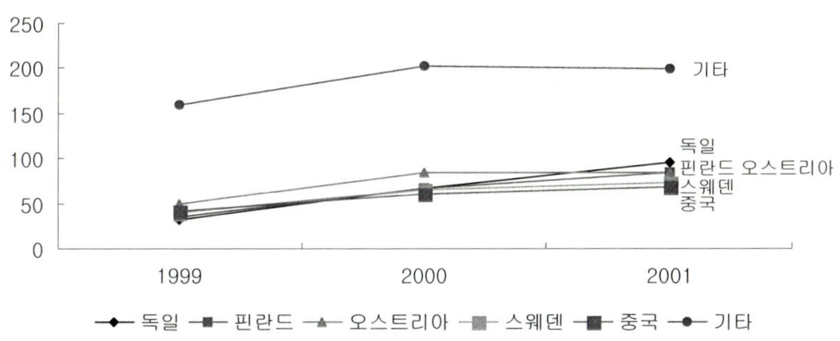

자료: 財務省, 「貿易統計」

[그림 90] 집성재 수입량의 변화 (단위: 千 m³)

4. 일본 목재유통구조

1) 원목과 제재목의 유통구조

일본의 목재유통구조는 크게 수입산 제재와 원목, 일본산 원목, 3가
지로 구분할 수 있다.

① 수입산 제재목은 무역 상사(商社)가 도매업자에 넘기는 경우와
대형 주택회사의 자재부나 해외업무부에서 제재를 매입하여 공사현장
에 공급하는 경우로 제재공정이 생략되어 원목 유통구조보다는 다소
단순한 유통구조를 가지고 있다.

② 원목은 필히 제재공장을 거쳐 유통되고 있다. 일본 국내산 원목에 대한 유통구조는 종래부터 유통업자 간에 긴밀한 유대관계가 얽혀 있어 수입 원목유통에 비해 1~2단계 정도 더 많은 유통경로를 거치는 경우가 많다.

③ 일본 국내산 원목의 최종 소비자는 주로 지역에 밀착해 있는 중·소규모 공무점으로 2×4주택 등의 수입주택이나 대형 주택프리패브 회사에서 일본산 목재를 주택 구조재로 사용하는 경우는 드물다. 참고로 2×4주택은 국토교통성에서 인정하는 화조벽공법(枠組壁工法) 자재 이외에는 구조재로 사용할 수 없게 되어 있다. 대형 주택프리패브 회사는 보통 사내(社內) 자재부(資材部)가 따로 설치되어 있어 싼값으로 원목을 직접 수입하거나 일본 내 유통업자로부터 일식(一式)으로 목재를 구매 계약을 하는 경우가 많다. 다만 일부 화실(和室) 등에 실내장식을 목적으로 무늬 결이 좋은 삼나무(杉 스기)나 회나무(檜 히노키) 등의 일본 국내산을 구매(購買)하기도 한다.

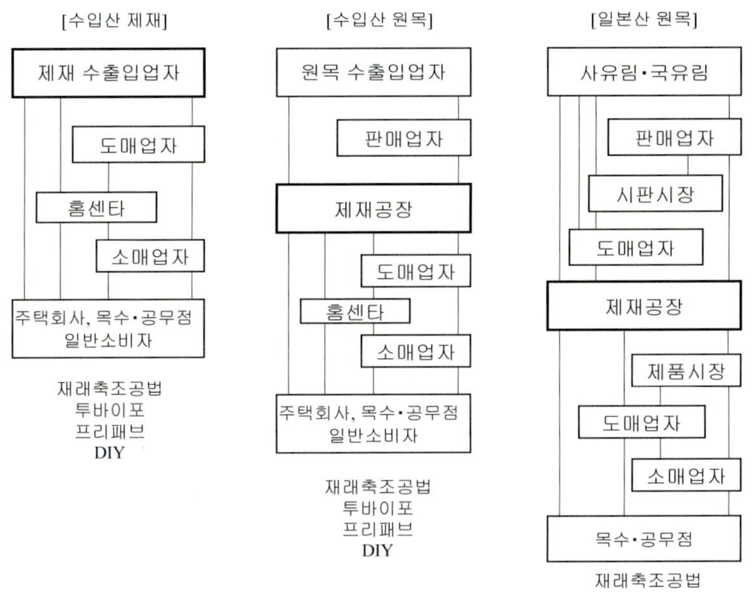

[그림 91] 일본 목재 유통경로

2) 프리컷트재의 유통구조

최근 주택건설현장에 목수의 수가 부족하여 공무점이나 대형 주택회사는 공사기간의 단축과 하자 담보 책임에 대한 대응책으로 프리컷트재를 주로 사용하고 있다. 프리컷트재란 지금까지 목수가 현장에서 목재의 맞춤과 이음의 가공이나 길이의 절단 등을 실시했었는데 이 과정을 공장에서 사전에 기계 가공하여 제작된 재목(材木)을 말한다.

현장에서는 가공이 완료된 프리컷트재를 가져다 조립하는 간단한 작업만 하면 된다. 이러한 목재 가공업자를 「프리컷트 업자」, 가공공장을 「프리컷트 공장」이라고 하며 유통체계에서 떼어 낼 수 없는 중요한 역할을 하고 있다. 프리컷트재는 주로 재래목조주택이나 프리패브 목질주택시장에 공급되고 있다. 프리컷트재의 유통경로는 국산재와 수입재 관계없이 대체로 아래와 같은 방식으로 프리컷트재가 제작되어 시중에 유통되고 있다.

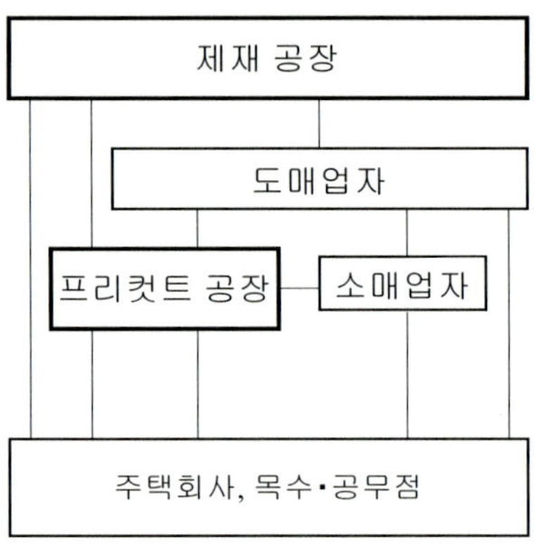

[그림 92] 프리컷트재의 유통

5. 일본 목재산업의 전개

1950년대 후반부터 목재 수입이 자유화된 이후, 일본 국산재 목재시장 점유율은 점점 저하되었다. 일본의 인공림 약 1천만ha 가운데 이용 가능한 50년생 이상의 삼림이 차지하는 면적비율은 현재 약 30%이지만 10년 후에는 약 60%로 2배 증가할 것이다. 또 최근 중국에서의 수요증가와 환시세의 변동으로 수입산 가격이 상승하여 일본산 목재가 가격 면에서 경쟁력을 갖추게 되었다.

일본의 임야청(林野廳)은 목재수요자의 요구변화에 대응할 수 있는 공급체계 구축을 위한 대책을 강구하고 있다. 2006년 9월에 삼림·임업 기본계획에 근거한 구체적인 방침을 제시하였는데 그 기본방침은 크게 2가지로, 「목재산업의 체제정비」와 「국산재의 이용확대」로 설정했다. 이 두 가지 방침을 소개하면 다음과 같다.113)

1) 목재산업의 체계정비

임야청은 일본산 목재의 점유율을 확대시키기 위해 목재산업 체제를 정비하려고 하는 방침을 목제품의 개발, 기술개발, 유통개혁으로 정했다.

(1) 목제품 개발

목제품의 개발은 부재별(기둥·보·토대의 구조재, 무늬재·기초재, 내장재, 합판·칩)로 개발방안을 선정해 두었다. 부재별 주안점을 둔 것은

① 구조재: 집성재의 국산화 확대와 품질·성능이 보장된 목재공급 안정화

② 무늬재와 기초재: 다양화된 부재 치수규격의 집약화를 꾀하여 범용성(汎用性)이 높은 제품을 개발

③ 내장재: 지금까지 맨션 등에 적합한 제품개발을 주로 추진했지만 내구성이나 내화성이 뛰어난 데크나 외벽 등에 대해서도 국산재를 이용한 제품개발

---

113) 林野廳 홈페이지. http://www.rinya.maff.go.jp/
　　　林野廳, 「木材産業の体制整備および國産材の利用擴大に向けた基本方針の策定について」, 木材情報。pp14~18, 2007.3에서 재인용.

④ 합판이나 LVL: 삼(杉)나무 적극적인 활용

(2) 기술개발

일본 내 일본산 목재수요 점유율을 높이기 위해서는 일본 목재의 특성을 살린 기술개발이 필요한데 기술개발을 위해 다음과 같은 사항을 전개하고 있다.

① 품질·성능에 대응 및 표시

구조용재 품질 성능표시(JAS제도) 규정은 수요자가 제품을 선택할 때 알기 쉬운 정보로 제공되고 있다. 이를 위해 목재에 관한 물성(物性), 기능성 자료의 정비, 간단한 저가격의 계측장치 개발

② 가공기술의 개발: 소경재와 중목재(中目材)114)에도 효율적인 자동제재시스템을 도입 개발

③ 신상품의 개발: 이질수종(異質樹種)의 조합에 의한 집성재 개발

(3) 유통개혁

① 수요자 요구의 대응책: 유통부분에 있어서는 수요자 요구를 파악하여 대응

---

114) 중목재(中目材) - 원목은 통상 그 경급(徑級)에 의해서 몇 종류인가로 구분되어 있다. 목재 시장에서는 관례적으로 소경재(小徑材: 소경말구 직경 16㎝ 이하), 중목재(中目材: 지름 18~28㎝), 척상재(尺上材: 지름 30㎝ 이상)로 구분한다.
(참고: http://www.tk2.nmt.ne.jp/~kenmokuren/qanda/q10__14/q11.htm)
원목 경급 구분은 지역마다 미묘한 차이가 있다. 토쿠시마현(德島縣)에서는 34㎝ 이상을 척상재, 18~32㎝를 중목재라고 한다.

② 원목의 안정공급

구체적으로는 원목의 안정공급체계의 정비, 수요자 요구에 의한 제품의 공급, 각종 정보, 집하, 분류, 가격결정 등의 유통기능을 새로운 비즈니스 모델로 구축한다. 원목 생산업자와 삼림조합 등이 주체로 되었을 경우, 여러 사업체가 연계하여 집하·분류 기능을 강화하고 제재공장으로 직송화(直送化)하여 원목의 안정적인 공급체계를 구축한다.

③ 제품유통의 효율화

제품유통에 있어서 프리컷트 공장의 역할이 증대하고 있는 상황에서 제품의 품질과 수량의 확보 및 관리 등의 요구에 대응할 수 있는 유통의 효율화가 필요하다. 이를 위해 제재공장은 대기업 주택회사의 자재조달, 건재상사(建材商社) 등과 직접 거래하고 물류를 프리컷트 공장에 직송한다.

결국 제재, 가공분야에 정보시스템을 구축하고 필요량의 공급이 원활하게 이루어질 수 있도록 물류의 정비와 배송시스템을 구축한다.

2) 일본 국산재의 이용확대

국산재의 이용확대를 위한 기본방침은 삼림·임업기본계획에 표시되었던 시책대로 진행하며 항목마다 진행상황을 정리하는 것이다. 이후 국산재 수요의 약 60%를 차지하는 주택자재시장에 국산재의 이용확대와 「소비자, 일반기업, 주택생산자, 펄프 등의 용재(用材)의 수요확대, 공동시설 등의 목조 목질화」로의 보급을 추진하려 한다.

◑ 참고문헌

安國鎭, 「家屋から見た熊野」, ASIA21報告書, 2006

安國鎭, 「韓國における木造住宅の供給實態（Ⅱ）住宅資材の流通狀況」, 木材
　　　情報, 2007.3

林野廳, 「木材産業の体制整備および國産材の利用擴大に向けた基本方針の
　　　策定について」, 木材情報, 2007.3

秋山好臣, 「世界市場における木材需給の構造変化と國産材時代および新生
　　　産システムについて」, 調査と情報, 2007.3

前田大輝, 「林業資源の構造変化が素材生産業者に及ぼした影響 −1990年代
　　　におけるアメリカオレゴン州を事例として-」, 林業経濟研究, 2006.6.1

絅菴 안국진(安國鎭)

•약 력•

1972년 전남 광주 출생으로, 명지대 건축학부를 졸업하고 동대학원에서 공학석사, 한국건축문화연구소, 일본 닛켄세케이 설계팀에서 파트파임으로 근무했다. 현재 동경대에서 건축학전공 박사과정에 있으며, 한국목조건축연구포럼, 일본목조건축포럼 회원으로 있다. 전공분야는 목조건축 구법(構法)과 생산(生產)이다.

•주요논저•

－연구논문－

「1900-1945년 나주시 중·소규모 韓式商街와 日式商街의 변천 비교연구」
「일본목조주택의 형성과정과 공급실태에 관한 연구」
「住宅及びその生産者に関する生活者の意識の解明」
「北米とアジアにおける2×4木造住宅の建築法規に関する研究」
「ツーバイフォー住宅における基礎の構法に関する研究
　－北米、アジア、オセアニアの比較を中心に－」
「住宅向けツーバイフォー構法の地域性に関する研究」

－저서－
『경기도 건축문화유산』(총5권, 공저)

외 다수

일본 목조주택

•초판 인쇄	2007년 9월 15일
•초판 발행	2007년 9월 15일
•지 은 이	안국진
•펴 낸 이	채종준
•펴 낸 곳	한국학술정보㈜
	경기도 파주시 교하읍 문발리 526-2
	파주출판문화정보산업단지
	전화　031)908-3181(대표)·팩스　031)908-3189
	홈페이지　http://www.kstudy.com
	e-mail(출판사업부)　publish@kstudy.com
•등　　록	제일산-115호(2000. 6. 19)
•가　　격	25,000원

ISBN　978-89-534-7187-0　93540 (Paper Book)
　　　　978-89-534-7188-7　98540 (e-Book)